U0175227

磷矿充填理论与技术

梅甫定　王学梁　编著

科学出版社

北京

内 容 简 介

本书系统阐述磷矿充填采矿法所涉及的基本理论和技术问题，介绍近十几年来我国磷矿充填采矿领域的主要研究成就和技术进展，其重点是粗磷尾矿膏体胶结充填料浆的制备及其大倍线管道输送。本书的基本内容包括：绪论、磷矿条带充填开采充填体强度设计、充填材料的选择及其理化特性、充填材料配比优化及作用机理、高浓度料浆大倍线管道输送基本理论与计算、缓倾斜中厚磷矿层粗尾矿胶结充填开采实践等。本书部分插图配有彩图二维码，见封底。

本书可供从事矿山设计、科研的人员及生产技术人员参考使用，也可作为高等学校相关专业教学参考用书。

图书在版编目（CIP）数据

磷矿充填理论与技术/梅甫定，王学梁编著.—北京:科学出版社，2020.12
ISBN 978-7-03-067874-4

Ⅰ.① 磷… Ⅱ.① 梅… ② 王… Ⅲ.① 磷矿床-非金属矿开采-充填法
Ⅳ.① TD872

中国版本图书馆 CIP 数据核字（2020）第 268982 号

责任编辑：何　念/责任校对：高　嵘
责任印制：彭　超/封面设计：无极书装

科 学 出 版 社 出版
北京东黄城根北街 16 号
邮政编码：100717
http://www.sciencep.com

武汉精一佳印刷有限公司印刷
科学出版社发行　各地新华书店经销
*
开本：787×1092　1/16
2020 年 12 月第 一 版　印张：12 1/2
2020 年 12 月第一次印刷　字数：293 000
定价：**158.00** 元
（如有印装质量问题，我社负责调换）

磷矿是我国战略性资源。我国磷矿资源储量虽丰富，但中低品位储量多，高品位储量少。现阶段，大多数磷矿区采用"采富弃贫"的开发模式，且富矿的采矿方法多为浅孔房柱法，磷矿资源的利用率仅为 15%～30%，还存在地质环境灾害与生态环境破坏多发、安全问题突出等诸多问题。近些年来，随着中低品位磷矿选矿技术的较大突破，中低品位磷矿资源的综合利用成为现实，即可由原来的只采单一富矿层变成全层开采。随着磷矿区相继进入深部开采，矿山除了受采矿方法与工艺制约，还出现其他亟须解决的问题，如：矿压显现加剧，冲击地压危险性增加；矿井水害严重，突水概率大幅增加等。欲实现磷矿的可持续发展，必须加大科技投入力度，改革传统的采矿方法及工艺，实现矿山的绿色、安全、高效生产。

充填采矿法的主要优点是适应各种复杂多变的矿体赋存条件，不仅能减少矿石的损失和贫化，提高固体废弃物利用率，减少占地和污染，而且能有效地控制上覆岩层移动和地表塌陷。随着充填采矿法被广泛应用，其工艺水平和相应的理论研究也得到了迅速的发展，各种先进的采掘设备及回采工艺均已运用于充填采矿中，多种新的充填工艺及充填材料（包括水泥代用品）不断得到开发和应用，充填采矿法已演变为高强度、高效率及高效益的采矿方法，已从贵重金属矿山向一般金属矿山和非金属矿山推广，从高品位矿山向低品位矿山推广。随着国家环保等政策的日益加强，充填采矿法的运用范围将进一步扩大。充填采矿法是世界采矿发展的趋势。

虽然充填采矿法取得了丰富的成果，但在磷矿区采用充填采矿法还需解决若干关键问题：磷矿石经济价值较低，要求更加严格地控制充填成本；磷矿体多呈缓倾斜赋存，充填接顶工艺要求更高；磷矿区面积大，充填料浆输送距离长，充填料浆的流动性、稳定性及输送设备要求更高；磷矿区大多处于中高山区，受充填成本制约，可供选择的充填材料有限；因可供选择的充填骨料不能满足采空区的全部充填需要，只能全采部分充填，这样就既要对采场结构参数及回采工艺进行优化，又要提高充填体强度，确保安全、高效生产；采场地压大，顶板岩性软，矿压控制技术要求更高；等等。针对上述问题，作者所在研究团队进行了系统研究，现将研究成果撰写成本书。书中还引用了其他学者的研究成果，在此表示衷心的感谢。

本书共分 6 章。第 1 章主要介绍中国磷矿资源储量及赋存情况，分析磷矿充填开采的可行性及需要解决的主要技术问题。第 2 章主要介绍条带充填开采及条带充填体强度理论计算。第 3 章主要介绍充填材料的散体力学特性研究及充填材料选择。第 4 章主要介绍充填材料配比优化及作用机理。第 5 章详细介绍大倍线管道充填料浆满管流输送理论与技术。第 6 章详细介绍研究成果在湖北三宁矿业有限公司挑水河磷矿的集成应用情况。在本书相关内容研究过程中，陈千汉、高本铭、李向东、郑伯坤、陈宁、候娇娇、陈博文、李延杰、叶峰、张倓、张文龙、梅志恒、何邹俊、张俊思、杨琼等做了很多有益的工作，飞翼股份有限公司为环管试验提供了大力帮助，在此一并表示感谢。

由于作者水平有限，书中难免有不足之处，敬请读者批评指正。

作　者

2019 年 8 月

第 1 章

绪　论

1.1 中国磷矿资源储量及赋存概况

1.1.1 中国磷矿资源储量概况

磷矿是在经济上具有利用价值的磷酸盐类矿物的总称，是一种重要的工农业矿物原料。磷矿资源主要可用于制取磷肥、赤磷、黄磷、磷酸、磷化合物及其他磷酸盐类，具有重要的经济价值和社会价值，在现代国防、工农业生产和人类生活中都占有举足轻重的地位。世界上几乎所有的国家都有磷矿床分布，但只有为数不多的国家拥有经济意义较大的磷矿资源。据美国地质调查局统计，截至 2012 年底，世界磷矿石储量为 670 亿 t，世界磷矿资源主要分布在摩洛哥、中国、阿尔及利亚、叙利亚、约旦、南非、美国和俄罗斯 8 个国家，占世界储量的 94.6%，其中，摩洛哥占 74.6%，而中国占 5.5%，仅次于摩洛哥，居世界第 2 位。据中国国土资源统计年鉴（2013），截至 2012 年底，中国磷矿资源遍及全国 27 个省（自治区、直辖市），但主要分布在湖北（45.12 亿 t）、云南（44.56 亿 t）、贵州（31.68 亿 t）、四川（22.13 亿 t）和湖南（19.79 亿 t），五省查明资源总量占全国的 81.37%。中国磷矿资源分布详见图 1.1。从区域分布来看，中国磷矿主要分布在以下 8 个区域：云南滇池地区，贵州开阳地区、瓮福地区，四川金河-清平地区、马边地区，以及湖北宜昌地区、胡集地区、保康地区。中国磷矿资源分布极不平衡，探明储量呈南多北少、西多东少的格局，大型磷矿及富矿高度集中在西南部地区。

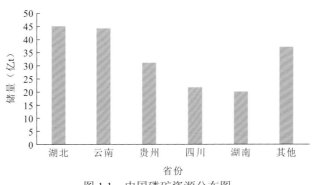

图 1.1 中国磷矿资源分布图

依据中国的磷矿规模划分标准，特大型磷矿资源储量大于 50 000 万 t，大型磷矿资源储量大于 5 000 万 t，中型磷矿资源储量为 500 万～5 000 万 t，小型磷矿资源储量小于 500 万 t。中国查明的资源储量超过 5 000 万 t 的矿床有 91 个，其中特大型矿床有 6 个。从数量上看，中国共有磷矿 462 个，其中大型磷矿 91 个，中型磷矿 166 个，小型磷矿 205 个。不同规模磷矿床的数量和资源量见表 1.1。由表 1.1 可知，大型矿床数量少，但查明资源储量所占比例大。

表 1.1 不同规模磷矿床及资源量（李维 等，2015）

规模	矿区数/个	储量/（亿 t）	基础储量/（亿 t）	资源量/（亿 t）	查明资源储量/（亿 t）
大型	91	7.60	31.27	112.99	144.27
中型	166	1.38	8.97	22.97	31.94
小型	205	0.11	0.99	7.22	8.21
合计	462	9.09	41.23	143.18	184.42

1.1.2 中国磷矿赋存概况

中国的工业磷矿床大部分与构造活动相对稳定的地台区域及其边缘地带有关。夏学惠和郝尔宏（2012）等在分析研究中国磷矿资源特点和成因类型的基础上，将全国磷矿床划分为四个矿床类型，即岩浆岩型磷灰石矿床、沉积岩型磷块岩矿床、变质岩型磷灰岩矿床及次生型磷矿床，其中最为重要的磷矿床类型为岩浆岩型磷灰石矿床、沉积岩型磷块岩矿床及变质岩型磷灰岩矿床。岩浆岩型磷灰石矿床是中国重要的磷矿床类型之一，主要分布在西北和东北等地区，其资源储量约占中国磷矿总资源储量的 18.2%。其特点是磷矿物结晶较粗，矿物之间嵌布粒度较粗，但 P_2O_5 的品位普遍偏低，一般小于 10%，超低品位的 P_2O_5 的质量分数仅为 2%~3%。沉积岩型磷块岩矿床作为世界范围内重要的磷矿资源，在中国也是主要的磷矿床类型之一，常被称为胶磷矿，主要分布在中南和西南地区。此类磷矿床资源储量约占全国磷矿总资源储量的 75.5%。其特点是磷灰石呈隐晶质，没有一定的晶体结构。磷矿集合体多为鲕粒、假鲕粒结构，嵌布粒度较细。集合体内部常混有碳酸盐和硅质等泥质矿物。这种磷矿中因方解石、白云石与磷灰石都含有同名 Ca^+，增加了选矿难度，工艺往往较为复杂。变质岩型磷灰岩矿床是中国，尤其是中国北方缺磷省份较为重要的磷矿床类型之一，其资源储量约占中国磷矿总资源储量的 5.8%。其特点是风化、泥化现象严重，矿石松散度高，可采用擦洗、脱泥、必要的浮选等选矿工艺获得合格磷精矿。次生型磷矿床通常指原始含磷地质体经长期的风化淋滤作用后，就地残积、异地迁移或再沉积等富集形成的磷矿床。次生型磷矿床总数较少，矿床规模较小，在已探明储量中占 0.5%。中国磷矿床成矿类型所占的资源比例见图 1.2。

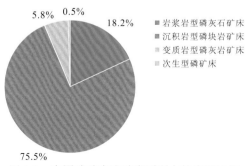

图 1.2 中国磷矿床成矿类型所占的资源比例

磷矿石品位是指磷矿石中有用的元素或它的化合物含量。磷矿是用 P_2O_5 的质量分数来划分品位的，常用化合物的质量分数来表示，质量分数越大，磷矿的品位越高。一般含 P_2O_5 在 30%以上的称为富矿，在 20%以下的称为贫矿，在 20%～30%的称为中等品位的磷矿。在工业生产中，为了便于技术经济指标（如每吨产品的矿石消耗量等）的比较，规定将某一品位的磷矿作为标准矿（简称标矿）。规定标矿为含 P_2O_5 在 30%的矿石，其他含量的磷矿折算成标矿来比较。

中国磷矿富矿少，贫矿多，不同品位磷矿资源占比详见表 1.2。全国富磷矿仅为 16.6 亿 t，占探明总资源储量的 9.42%，且高度集中于云南、贵州、湖北和四川；而 P_2O_5 品位<18%的贫磷矿储量约占全国探明总资源储量的 50%；全国磷矿石 P_2O_5 平均品位仅为 16.85%。除少数富矿能直接作为生产高效磷肥的原料外，绝大多数矿石需经选矿才能为工业部门所利用。另外，全国保有储量中胶磷矿、高镁磷矿多，且大部分为中低品位矿石。这类矿石中有害杂质的含量一般较高，矿石颗粒细，嵌布紧密，不易解离，选别困难。中国磷矿属于世界上难选的磷矿石。

表 1.2　不同品位磷矿资源占比（尹丽文，2009）

P_2O_5 平均品位/%	资源储量（矿石）		资源储量（P_2O_5）	
	矿石量/（亿 t）	比例/%	P_2O_5 量/（亿 t）	比例/%
≥30	16.6	9.42	5.3	16.67
25～30	21.2	12.02	5.7	18.11
20～25	27.3	15.48	6.1	19.22
15～20	60.1	34.09	10.5	33.04
10～15	21.9	12.42	2.9	9.13
5～10	4.8	2.74	0.40	1.23
2～5	24.4	13.84	0.80	2.60

我国磷矿床大部分成矿时代久远，埋藏深，岩化作用强，矿石胶结致密，约 75%以上的矿层呈倾斜至缓倾斜产出，矿体倾角多在 5°～10°，部分接近水平，仅少量矿体倾角达到 10°以上，基本不超过 25°，矿体厚度为薄至中厚，单层矿厚度在 5 m 以内，多层矿总厚度在 10～20 m，部分地段存在 20 m 以上的中厚矿体。矿层多赋存于灰岩中，顶底板常为白云岩。这种产出特征导致无论是露天开采还是地下开采，都带来一系列技术难题，使得我国磷矿开采规模化程度低，开采难度大，生产成本高，"采富弃贫""采厚弃薄""采易弃难"等浪费资源的现象严重。沉积型磷块岩矿床规模大，矿床品位较高，是目前主要的开发利用对象。但其他类型矿床较少，应加大勘查和开发力度，提高其他矿床的利用度。

1.2 中国磷矿开采现状及存在的主要问题

1.2.1 磷矿开采现状

我国磷矿开采有露天开采、露天与地下联合开采、地下开采三种方式。据自然资源部（原国土资源部）统计，2011 年全国共有磷矿采矿权证 359 个，其中，大型矿山 24座，中型矿山 82座，小型及以下矿山 253座，在纳入统计的 180座矿山中，各开采方式占比见表 1.3。从开采方式来看，我国磷矿以地下开采为主，其矿山数量占全国总数的73.33%，采出矿石量占全国总量的 56.57%。

表 1.3 磷矿开采方式统计表

开采方式	矿山数/座	占比/%	设计生产能力/（万 t）	实际生产能力/（万 t）
露天开采	41	22.78	2 354	2 508.86
露天与地下联合开采	7	3.89	385	185.71
地下开采	132	73.33	4 745	3 509.44
合计	180	100	7 484	6 204.01

磷矿山生产建设规模分级为大型（矿石≥100 万 t）、中型（30 万 t≤矿石＜100 万 t）、小型（矿石＜30 万 t）。我国磷矿山生产建设规模见表 1.4。从磷矿山生产建设规模来看，在纳入统计的 180座矿山中，我国磷矿开采以大型和中型矿山为主，采出矿石量占全国总量的 77.59%；从矿山数量看，小型矿山数量占全国总数的 58.33%。依据 2013 年中国国土资源统计年鉴，2012 年底，我国从事磷矿开采的企业有 365 个，年产原矿产量为 7 175 万 t。其中，大型 28 个，中型 82 个，小型 225 个，小型矿山数量占全国总数的69.86%。我国磷矿生产企业数量多，过于分散，并且生产能力不足。对比国外磷矿大国（美国、摩洛哥等）的企业规模和产量大多在 300 万 t/a 以上，中国磷矿企业的规模和生产能力是远远不足的。因此，我国磷矿生产大部分还未形成规模经济，导致竞争能力和盈利水平低下。

表 1.4 我国磷矿山生产建设规模统计表（冯安生 等，2017）

生产规模	矿山数/座	占比/%	设计生产能力/（万 t）	实际生产能力/（万 t）
大型	15	8.33	2 354	2 508.86
中型	60	33.34	385	185.71
小型	105	58.33	4 745	3 509.44
合计	180	100	7 484	6 204.01

回采率是衡量一个国家矿业开发水平的重要指标。矿山开采采用的采矿方法不同，矿山的回采率也不同，磷矿采矿方法与采矿回采率统计见表 1.5。从表 1.5 可以看出，在纳入统计的 135 座地下开采矿山中，我国磷矿山主要采用的采矿方法为空场采矿法，占比 80.74%，平均回采率为 76.09%，而回采率较高的充填采矿法应用数量较少，占比仅为 4.44%。这说明中国磷矿山的装备水平、工艺技术水平和管理水平与国外相比仍有较大差距。我国磷矿在开采过程中缺乏有效的监管，众多规模较小的企业为了短期利益，往往"采富弃贫"，造成我国磷矿资源的严重浪费。

表 1.5　磷矿采矿方法与采矿回采率统计表

采矿方法	矿山数/座	占比/%	采矿量/（万 t）	平均回采率/%
空场采矿法	109	80.74	2 538.70	76.09
崩落采矿法	13	9.63	299.75	61.86
充填采矿法	6	4.44	524.24	77.38
其他	7	5.19	290.78	69.32
合计	135	100	3 653.47	71.16

2011 年全国共排出磷尾矿 694.00 万 t，利用 116.39 万 t，尾矿利用率为 16.77%。2011 年全国共排出废石 15 917.16 万 t，利用 193.56 万 t，废石利用率为 1.22%，全国 180 座矿山仅有 46 座得到利用。分地区来看：我国北方地区综合利用率较低，尾矿利用率较高；南方地区综合利用率较高，尾矿利用率较低。

1.2.2　主要问题及解决措施

1. 主要问题

与国外相比，我国磷矿开发利用水平仍处于低水平，除受资源条件等客观原因限制外，其关键问题在于矿山采选技术、管理和装备水平存在差距（张苏江 等，2014；温婧，2011）。

（1）从资源利用水平上比较：近几年资料显示，美国、北非一些产磷国家的资源回采率可达 95%～98%，经过选矿后，资源可以物尽其用，浪费极少。我国的回采率仅为 60.8%，大多数磷矿企业特别是中小型磷矿企业缺乏选矿加工技术和能力，没有建设配套的磷矿选矿厂，在开采富矿过程中附带开采出来的或者留存的大量中低品位磷矿石未得到选矿加工回收，导致宝贵矿产的流失和利用不完全，矿山总体经济效益大大落后于国际水平。

（2）从品位和结构上看：国际上磷矿利用类型以磷灰石为主，品位较高，易选别，且多为露天开采。中国磷矿资源 70% 以上为中低品位的胶磷矿，矿物颗粒细，嵌布紧密，有害杂质多，选别困难，且多为地下开采。近年来胶磷矿浮选技术研究虽获成功，但选矿费用高，与国际水平差距较大。

（3）从企业规模和产量上看：发达国家如美国、摩洛哥，其企业规模和产量多在 300 万 t/a。据磷矿石行业研究调查，我国磷矿企业生产能力超过 100 万 t/a 的不到 20 个，超过 30 万 t/a 的不到 40 个，其他部分磷矿小企业生产能力都在 20 万 t/a 以下。我国磷矿生产企业多，规模小，磷矿生产基本上没有形成规模经济，无法实现科学、现代的企业管理，整体效益差。

（4）从开采技术和装备水平上看：国外矿山企业采矿实现了大型机械生产，选矿过程实现了大型化和计算机程序控制。在我国除国有大型企业等少数新建的大型矿山主要设备能达到国外 20 世纪 90 年代先进水平，基本实现机械化、半机械化以外，大多数小型国有及集体矿山尚未实现最低标准的机械化生产。贵州开磷控股（集团）有限责任公司在未引进国外先进设备和技术之前，回采率只有 59.7%，贫化率达到了 10.4%；在引进国外锚杆护顶分段空场采矿技术及大型无轨液压采掘设备后，回采率提高到了 71.1%，贫化率降低到了 4.8%，高品质磷得到有效回收、利用。

（5）从安全生产与环境保护上看：全国磷矿约 60% 以上采用地下开采，地下开采易形成大量的采空区，引起覆岩移动、顶板冒落，易诱发泥石流等次生地质灾害。我国磷矿资源富矿少、中低品位矿多、难选矿多、易选矿少的特点，决定了磷矿开采过程中会产生大量的尾矿。尾矿堆放、剥离岩土排放及地表地下水排污等，造成矿山周围土地破坏、植被退化，增加了水土流失的危险。

2. 解决措施

防治磷化工污染，保护生态环境，合理利用不可再生的耗竭性资源，走可持续发展道路，是我国磷化工企业所面临的一项迫切任务。针对以上问题可采取的主要解决措施如下。

（1）提高磷矿生产技术水平。集中磷矿生产，扩大生产规模，致力于提高磷矿生产技术，提高磷矿开采和选矿技术水平，保证高质量开采。对于国外先进技术，取其精华，去其糟粕，在学习的同时创新、开发新技术。

（2）完善相关法律法规。矿山环境保护工作是在矿产资源开发过程中有效地保护矿山周围的环境，使之免受矿山开采活动的危害，因此它既涉及矿产资源管理部门，又涉及环境保护部门，既要依据《中华人民共和国矿产资源法》做相应的调整，又要符合《中华人民共和国环境保护法》的有关规定。同时也要杜绝滥采，避免矿产资源的浪费。规范矿产资源开发程序。

（3）采用清洁生产技术。清洁生产是指生产技术和工艺本身在生产过程中不排放或少排放污染物。尽量减少对环境的破坏，是一种将生产技术与环境保护统筹考虑的一体化实施的新技术，如自然资源部（原国土资源部）推广的矿产资源节约与综合利用先进适用技术（第六批）中的磷矿采选充一体化无废生产技术：磷矿层全层开采，坑口配套重介质选矿厂，工业固体废弃物全部胶结充填采空区，生产用水闭合循环，生活污水经生化处理达标后用作生产补水。该技术实现了清洁生产，从根本上提高了资源利用率，从源头上保护了生态环境。

（4）改进加工工艺。相同的磷矿生产的不同种类的磷肥，其放射性含量有差异，并且采用不同的混合器对磷矿中核素含量的转移有一定的影响，故采用先进的加工工艺至关重要。例如，改进磷酸铵的生产工艺，提高其产量，使磷酸铵成为磷肥的普通产品。

（5）加强"三废"处理。在"三废"当中，废水和废固是放射性元素的主要携带者。在磷矿的选矿工艺中，大约有60%的放射性核素是转入废渣中的，在磷矿被加工成磷肥的过程中，铀容易在液相中富集和活动。这些放射性元素可以通过食物链进入人体，威胁人体健康。妥善处理好"三废"成为改善放射性污染的重中之重。

（6）制定鼓励政策。制定综合利用中低磷矿石的鼓励政策。对使用中低品位磷矿石的磷化工企业，应在价格、税收和资源补偿费上实行优惠的政策和奖励。用政策减免企业在利用中低品位磷矿石时承受的成本负担，使大量中低品位磷矿石得到充分利用和保护。

1.3 充填技术研究现状及发展趋势

1.3.1 充填技术研究现状

矿床开采给矿产资源和生态环境带来的负面效应主要有：资源损失、地表塌陷、排放废石、排放尾砂（赤泥）。尾矿库和采空区是矿山安全生产中的两个重大隐患，经常引起采空区采动灾害、尾矿库垮塌等严峻的安全与环境问题。为有效处置尾矿、废石等工业固体废弃物及采矿遗留的大量采空区，矿山企业越来越重视充填采矿法。

充填采矿法属人工支护采矿法。在矿房或矿块中，随着回采工作面的推进，向采空区送入充填材料进行地压管理，用以控制围岩崩落和地表移动，并在形成的充填体上或在其保护下进行回采。此法适用于开采围岩不稳固的高品位、稀缺、贵重矿石的矿体；适用于开采地表不允许陷落；开采条件复杂，如水体、铁路干线、主要建筑物下面的矿体和有自燃火灾危险的矿体等；也是深部开采时控制地压的有效措施。随着矿床开采深度的不断加大，地应力增高，尤其在高地应矿区，采场失去稳定性的风险增加，潜在的灾害如岩爆等地压问题的发生概率也增大。将采空区进行充填，可以解决采场不平衡应力的传递和调整问题，使原岩应力场再次达到稳定状态。

充填采矿法的优点是适应性强，矿石回采率高，贫化率低，作业较安全，能利用工业废料，保护地表等；缺点是工艺复杂，成本高，劳动生产率和矿块生产能力都较低。根据所用充填材料和输送方式不同，充填采矿法可分为三类，详见表1.6。

表 1.6　充填采矿法分类

充填采矿法	充填材料	输送方式
干式充填法	专用露天采石场采出的碎石、露天矿剥离或地下矿采掘的废石等	经破碎，用机械、人工或风力输送至采场
水力充填法	砂、碎石、选厂尾砂或炉渣等	用管道借水力输送至采场
胶结充填法	水泥等胶凝材料和砂石、炉渣或尾砂等配置的浆状胶结物料	管道借水力或机械输送至采场

矿山早期采用干式充填法，即在采空区内填充一些废石等固体废弃物，因该方法劳动强度高，生产效率低，部分空区无法有效充填，存在安全隐患，采矿成本高，应用比例逐年下降。20 世纪 60 年代开始探索应用水力充填法，该法可以有效控制大面积地压活动，减缓地表下沉。湘潭锰矿从 1960 年开始探索碎石水力充填工艺，1965 年湖南锡矿山南矿采用了尾砂水力充填采空区。进入 80 年代后，分级尾砂充填技术开始推广，安庆铜矿等 60 余座金属矿山先后都使用了此工艺。随着矿山开采深度的逐步增加，水砂充填工艺由于其结构松散、自立性差，未能够起到主动承压的作用，无法满足深部矿体回采需要，亟须进一步开展技术改进。胶结充填法是在水力无胶结充填方法的基础上发展而来的，将尾砂等工业固体废弃物作为充填集料，将水泥或水泥替代品作为胶结剂，两者按一定比例制备出合格的充填料浆，切实提高充填体的自立性、抗压强度，满足深部采矿需要。经过多年不断的探索与实践，发展了众多胶结充填技术，如分级尾砂胶结充填、废石胶结充填、全尾砂结构流胶结充填、膏体泵送充填等。胶结充填技术在我国部分矿山的应用情况见表 1.7，膏体充填工艺流程图见图 1.3。

表 1.7　我国部分矿山胶结充填技术应用情况

矿山	充填材料	质量分数/%	灰砂比	输送方式	充填倍线	管径/mm	充填能力/(m³/h)
新城金矿	尾砂、水泥	72～75	—	管道输送	最长 12.5	114、110	120
冬瓜山	全尾砂	73～74	0.083～0.25	自流输送	3～3.9	120	80～120
安庆铜矿	分级尾砂、水泥	73～78	0.10～0.20	管道泵送	4.9	100	100
金川二矿区一期	棒磨砂、水泥	77～79	0.25	管道泵送	3.19	133～219	150
华泰矿井	尾砂、水泥	70～74	0.067～0.25	管道输送	3.4	131	120
陕西煎茶岭镍矿	尾砂、水泥	78	0.167～0.25	管道输送	10.09～11.76	—	90～110
大红山铜矿	分级尾砂、水泥	65～70	—	管道输送	3.25～7.10	150	130～200
甘肃某镍矿	棒磨砂、尾砂	77～79	0.125	管道泵送	—	—	70～80
新疆伽师铜矿	戈壁砂、尾砂	76～78	0.1～0.125	管道泵送	—	—	70～90

现今，充填采矿法在国外的金属、非金属矿山中获得日益广泛的应用。各国采用充填采矿法的矿山数量比例对比情况见图 1.4。从图 1.4 中可以看出，我国矿山应用充填采矿法还有待加强。

充填采矿法发展趋势：把矿房、矿柱回采和采空区处理作为一个整体进行考虑，有步骤地全面回采，既减少矿石的损失贫化，又消除采空区隐患；同时，加大盘区/矿块尺寸，实现机械化、自动化、智能化的强化开采，降低开采成本，并提高劳动生产率。主要集中在以下几个方面：无间距连续采矿、大规模机械化盘区开采、充填采矿法与空场采矿法或崩落采矿法联合开采、全尾矿膏体胶结充填技术。

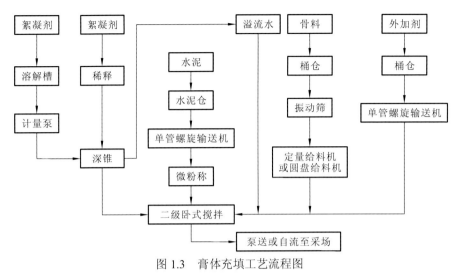

图 1.3　膏体充填工艺流程图

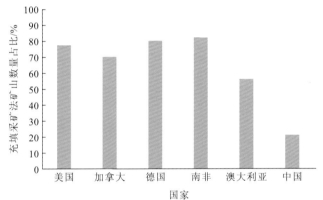

图 1.4　各国采用充填采矿法的矿山数量比例对比情况

伴随着绿色矿山及可持续发展理念的不断推广与深入，我国矿产资源开发又多了一项要求，即在全力提高采矿效率的基础上，竭尽全力降低对矿区周边生态环境的破坏作用与负面影响，也就是矿山应采用无废开采技术。无废开采是世界矿业发展的一种趋势，无废开采是一项综合技术，是一项跨行业、跨部门的系统工程，往往需要和矿山资源综合利用及矿山可持续发展统筹考虑。一般而言，某一生产过程中产出的废弃物，通常是另一生产过程的原料。在矿山开采中，尾矿和废石占整个废弃物的 70%~90%。因此，处置好矿山产生的废石和尾矿是无废开采的重点环节，将其用于矿山充填，则是最直接、最有效的途径之一。周爱民和古德生（2004）提出了基于工业生态学的矿山充填模式，即以采矿活动为中心，将矿山人文环境、生态环境、资源环境和经济环境相互联系起来，构成有机的工业系统；在采矿过程中，以最少的废料排放量获取最大的资源量和最高的企业经济效益；在采矿活动结束后，通过最少的末端治理，矿山工程与生态环境可以融为一个整体。因此，基于工业生态学的矿山充填模式可描述为，将矿山充填作为矿山固体废弃物资源化的有效手段，通过矿山充填将矿山废弃物转化为矿山内部资源，从根源上解决矿山环境问题，提高资源利用率，实现矿山效益最大化。

实现废石和尾矿等工业固体废弃物零排放，将其全部用作充填料，采用膏体充填技术是最佳方案。近年来，膏体充填技术得以迅速发展的重要前提有两点：第一是细颗粒尾砂的浓缩脱水与膏体制备技术；第二是高扬程膏体物料的长距离管道泵送技术。由于机械制造业在浓密机和柱塞泵两个领域的重大突破，大大推动了膏体充填技术在全世界的发展。膏体充填技术因其环保、节能、减排、安全、高效等优点已在全世界被广泛认可并应用，代表着矿山充填技术的发展方向，被誉为 21 世纪绿色开采新技术。需指出的是，充填成本控制是关键因素。

1.3.2　膏体充填技术发展趋势

近年来，膏体充填技术虽然在我国进行了示范性建设，但仍处在起步阶段，一些关键问题未能解决。膏体充填技术是一个系统工程、多学科交叉的项目。其在充填材料、尾矿脱水、膏体搅拌、膏体输送及井下采场膏体性能等方面，涉及无机非金属材料学、流体力学、化学、机械、力学等多个学科基础理论的研究及应用。我国膏体充填技术的发展趋势，关键在于努力完善相关基础理论的研究，积极推广新材料、新技术的应用，加快研制具有自主知识产权的专用设备（吴爱祥和王洪江，2015）。

1. 新型充填材料研发

研究超细、高强、价廉、速凝的充填新材料及泵送剂、分散剂、絮凝剂等充填外加剂，进一步发挥膏体充填工艺的特色和优势，是下一步研究的重要内容。对于新型材料来说，其应该满足以下几个方面的要求：第一个是抗压，第二个是抗高温，第三个是抗水性能。并且还需重视填充料的标准，第一个是可压缩性，第二个是粒度，第三个是孔隙率。这样一来就可以从根本上满足差异填充条件下提出的材料方面的标准需要。充填体强度的获得主要依赖于水泥的水化反应。传统充填材料中所用的胶凝材料一般为普通硅酸盐水泥，其费用占充填成本的 60%～80%。为了降低充填材料的成本，出现了一些水泥替代品，即高炉矿渣、粉煤灰等经过活化后，部分或全部代替水泥熟料所形成的胶结剂。长期以来，关于水泥替代品的研究一直没有间断过。除了将高炉矿渣、粉煤灰用于充填，替代部分水泥外，还进行了其他探索，并取得了一定的成效。例如：陈云嫩和梁礼明（2005）将烟气脱硫石膏加入添加剂替代部分水泥；饶运章等（1999）将炉渣、石灰、黄土作为主要原材料，加入改性剂，从而产生胶凝性能。将矿渣、粉煤灰替代水泥作为充填胶凝材料，不仅能大幅降低充填成本，而且可以减少水泥生产过程中的能源消耗，因此新型胶凝材料具有非常广阔的应用前景。

2. 全尾砂脱水技术

提高选厂尾砂浓度是膏体制备的前提。目前，尾砂脱水浓缩工艺主要有两种，即以过滤/压滤设备为核心的脱水工艺和以浓密机为核心的脱水工艺。以过滤/压滤设备为核心的脱水工艺滤饼质量分数可达到 80%~85%。但是过滤机能耗高，且滤布需要经常更换，生产过程不连续，能力较低，成本较高。以浓密机为核心的脱水工艺，辅之以水力旋流器，或将多台浓密机串联进行尾砂脱水，具有工艺简单、效果好、能耗低的优点。浓密机主要分为普通浓密机、高效浓密机和膏体浓密机。普通浓密机设备简单，管理方便，在我国得到较为广泛的应用。但其占地面积大，生产效率低下，目前正在逐步淘汰。高效浓密机在普通浓密机的基础上，通过改进布料筒结构、增设自动控制系统、强化压密脱水等手段，大大改善了设备的浓密效果。为了进一步提高底流浓度，降低溢流水浊度，在高效浓密机基础上，国外研发出专供尾砂浓密使用的膏体浓密机。与普通浓密机、高效浓密机相比，膏体浓密机最重要的特点是能够将低浓度尾砂浆直接浓缩成膏状底流。该设备主要用于金属尾砂、赤泥、煤泥等颗粒悬浮料浆的浓缩和澄清，达到浓密脱水的目的。通过多年的发展，尾砂浓密技术已从过滤分离发展到沉降分离，从离心沉降发展到大型连续絮凝沉降。目前，以膏体浓密机为代表的高效絮凝沉降技术发展迅猛，因此重力浓密成为尾砂脱水研究的主要方向。

3. 膏体流变学

膏体流变学是膏体充填非常重要的研究方向，也是膏体充填目前的一个研究热点，其中屈服应力是膏体流变学研究的最为关键的参数。其之所以关键，主要有以下三个原因：第一，在膏体充填工艺各个环节，从最初的尾矿浓密脱水、膏体搅拌，到膏体输送及最终的采场流动性能，均与屈服应力有关；第二，屈服应力能够真实反映膏体的流动性能，也是膏体管道输送系统设计的重要依据之一；第三，屈服应力测量具有较好的可重复性，只要采用的测试方法一样，不同物料之间也具有可比性。综上，使用屈服应力对于膏体技术来说是至关重要的。屈服应力是评价许多悬浮液流变性能的重要参数。目前比较公认的是浓缩尾矿屈服应力与其物理性能（如固含量、颗粒级配和形状）、颗粒间力的类型和大小（如孔隙流体的 pH 和离子浓度）有关。屈服应力测量需要使用专用流变设备，该设备价格较为昂贵，并非所有矿山都能配备。有学者提出了一种简单的基于密度、容重及质量分数的屈服应力预测模型，可以在缺乏流变参数测试设备的情况下，对浓缩尾矿屈服应力进行估算，为科研人员、现场工作人员带来了很大的便利。膏体流变学研究最为主要的应用还是设计和优化膏体输送系统。膏体管道输送方式有靠料浆重力作用的自流方式和借助外力的泵压输送方式。膏体充填料浆塑性黏度和屈服应力很大，其管道输送阻力较大，一般情况下采用泵压输送工艺。长距离管道输送和相应的运营管理及自动控制技术，成为膏体充填未来需要解决的关键问题；同时，集散控制系统（distributed control system，DCS）和现场总线控制系统（fieldbus control system，FCS）将逐渐在膏体充填中得到应用，未来膏体充填自动控制将向着数字化、智能化的方向发展。

4. 硬化膏体多场性能

硬化膏体（即充填体）性能是评价膏体充填效果的重要指标，硬化膏体性能一般是指膏体力学特性。力学性能最常用的也最被普遍接受的就是单轴抗压强度测试，但是，强度试验提供的信息是有限的，不能帮助设计者更好地理解水化反应过程和影响因素、设计更加经济和安全的膏体配比。近年来，随着膏体精细化研究的不断深入，国内外逐渐由硬化膏体简单的力学特性研究向多场耦合性能研究发展。当膏体被输送到采场时，涉及传热、渗流、力学、化学（热-水-力学-化学）等多个作用过程，如图 1.5 所示。之所以进行多场性能研究，是因为膏体热-水-力学-化学性能之间存在很好的关联性，通过关联性研究，有更多的途径去理解膏体水化过程，设计更加经济的膏体配比。

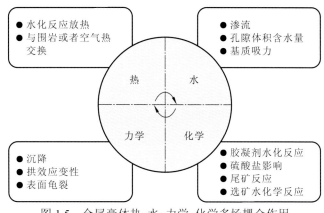

图 1.5　全尾膏体热-水-力学-化学多场耦合作用

5. 膏体微观性能

膏体微观性能的研究一般服务于膏体力学特性的解释，揭示膏体力学现象发生的内因。目前常见的膏体微观性能研究包括硬化膏体 X 射线衍射（X-ray diffraction，XRD）、热重分析（thermogravimetric analysis，TGA）/微商热重（derivative thermogravimetry，DTG）分析、扫描电子显微镜（scanning electron microscope，SEM）、压汞法（mercury intrusion porosimetry，MIP）等。XRD 和 TGA/DTG 分析主要对水化产物进行识别和量化。其中，XRD 测试根据不同衍射角度的衍射强度大小判定膏体水化产物的多少；TGA/DTG 分析还是对水化产物多少进行识别。SEM 微观分析主要是对膏体动态反应原位显微结构进行观察，一般来讲，水泥膏体微观由未水化的水泥、表层产物、孔隙产物及毛细孔隙构成。压汞法又称汞孔隙率法，是测定部分中孔和大孔孔径分布的方法。测量不同外压下进入孔中汞的量即可知相应孔的体积。压汞法常用来检测混凝土、砂浆等的孔隙率，以表征混凝土内部的气孔等指标。目前，国外已有研究将压汞法应用于膏体材料。

6. 专用设备的发展趋势

一方面，专用设备国产化，打破国外对高性能膏体制备设备的垄断，是我国膏体充填必须解决的问题；另一方面，膏体制备设备大型化，适应充填系统提高处理能力的要求，将是膏体制备技术的主要发展方向。

1.4 磷矿充填开采可行性及关键技术

1.4.1 磷矿充填开采可行性

随着地表和浅层资源的越来越少，矿体的深部开采已经是国内外地下采矿的必然趋势。矿山深部开采将面临高地压、高地温、高水压等主要问题；同时，国家大力推进绿色矿山建设，要求采用绿色开采技术，内外因素均要求进行采矿方法的变革。膏体充填技术代表着矿山充填技术的发展方向，被誉为 21 世纪绿色开采新技术。在磷矿山采用膏体充填技术是可行的，主要体现在以下方面。

1. 充填采矿是地下采矿技术发展的必然趋势

矿山开采的影响范围很大，一个矿山的生产可能对周边区域造成严重的污染，所以无废开采是采矿技术发展的必然趋势。充填采矿法能提高资源回采率，降低损失和贫化率，与空场法和崩落法相比较，充填采矿法更具优越性，既能有效控制地压，又能充分利用资源，更可以大大地改善矿区周边环境。目前，充填采矿法在我国地下矿山开采中的应用逐步增多。尤其是随着近年来采矿业的蓬勃发展和国家对矿山开采的安全环保提出了比以往更加严格的规定，非特殊情况下的地下矿山开采必须使用充填采矿法处理采空区，以确保地表的稳定，从而达到安全有效治理采空区的目的，所以充填采矿法在今后的地下矿山开采中将是国家强力推行和着力发展的重点。

2. 磷矿山地下采矿技术发展的趋势

研究统计资料显示，我国目前大部分地下磷矿山开采采用的还是空场法和崩落法。出于成本原因，以前除部分矿石价值高的金属矿山使用充填采矿法开采外，绝大部分地下非金属矿都不采用充填采矿法，但随着经济的发展、磷矿价值的提高、现代采矿技术的进步、充填成本的降低，地下磷矿开采也开始使用充填采矿法了。同时，伴随着浅表磷矿资源的逐渐枯竭，地下磷矿的开采技术条件越来越复杂，加上国家对环境保护的日益重视，国内地下矿山使用充填采矿法的比重逐年上升，一系列符合各种矿山开采技术条件的充填新工艺、新材料相继出现和使用，推动了地下磷矿开采技术的不断进步，使得地下磷矿开采在安全性、高效性、环保性、经济性等方面全面提升。贵州开磷控股（集团）有限责任公司从 2004 年至今，一直采用充填采矿法，目前无论是在安全环保，还是在经济效益上，都取得了巨大的成效，生产规模已从以前的年产 200 万 t 磷矿石发展到了年产 800 万 t 磷矿石。贵州瓮福（集团）有限责任公司大塘磷矿由露采转地采后采用充填采矿法，年产量达 150 万 t。河北矾山磷矿采用充填采矿法，解决了高承压含水层下采矿的难题，实现了年产磷矿石 200 万 t 的目标。近年来湖北宜化集团有限责任公司旗下的许多磷矿山通过技改工程或改扩建工程全面革新采矿技术，大部分地下磷矿开采均采用了充填采矿法。《湖北省安全生产"十三五"规划》积极推行尾矿填充、干式排放和综合利用等技术工艺。

3. 充填采矿法的优点及其发展趋势和现实意义

充填采矿法的主要优点是可以通过使用充填技术减少废石、废渣和尾矿（砂）等固体废料的排放，甚至能够实现无废开采；与其他采矿方法相比，其提高了资源的综合利用率，并且由于其充填了采空区，地表不至于因地压的变化而破坏，有效地保护了环境；充填采空区后，改善了采矿作业面的应力环境。除此之外，充填采矿法的适用性很强，可以适应各类复杂的、难开采的矿床，应用范围比其他采矿方法要广。充填工艺技术在充填采矿法的不断改进和发展过程中得到了创新与应用，特别是 20 世纪 80 年代以来，地下矿山实现了采场机械化回采和充填系统化，充填采矿法已经从一种低效（由于工艺流程繁多）、低产（受限于工作面数量）的采矿方法逐渐发展成为一种高产、高效的采矿方法，并且还在向充填工艺系统的自动化和智能化发展。就目前来看，增加的充填工艺环节带来的开采成本增加，成为制约充填采矿法在矿山开采中推广应用的唯一因素，但这可在资源利用率高、开采服务年限增加、矿石贫化率降低、矿石采出品位增高等方面得到补偿，因而充填采矿法带来的总的经济效益不一定比其他采矿方法低。

由于充填采矿法的应用范围已经越来越广泛，充填采矿法的现实意义和巨大作用已经不再仅仅局限于矿山开采领域了。随着我国现代城市化进程步伐的加快和人口的不断增长，不可避免地产生了大量的工业固体废料，若不进行处理的话，将会给生态环境造成严重的破坏，同时也会危害到人们的健康，因此利用充填将工业固体废料深埋在地下采空区，不仅改善了环境，而且实现了矿产资源的高效合理利用，这一点非常符合我国的国情和可持续发展的战略目标。根据已有的充填采矿法统计资料，目前，世界范围内已经有矿山实现了无废料排弃开采。由此可见，充填采矿法具有十分广阔的发展潜力和发展前景。毫无疑问，充填采矿技术应用中的关键问题是如何将工业固体废料回填到地下，这是矿山设计中首先要考虑的主要内容，也是改善矿区环境、减少污染的有效途径。

4. 充填采矿技术属于成熟技术且已广泛推广应用

20 世纪 80 年代以来，由于国外高效率无轨设备的使用和先进充填工艺技术的引进及不断的改革与创新，我国充填采矿法在回采方案、充填工艺、充填材料的使用，以及机械化、自动化和智能化水平等方面都有了进步。其主要表现在以下方面。

（1）试验成功了一些先进的高效率回采方案。例如：金川镍矿的"上（下）向进路机械化胶结充填采矿法"；凡口铅锌矿的"盘区水平分层胶结充填法"；铜绿山矿的"点柱式上向分层胶结充填采矿法"。

（2）胶结充填工艺取得了重大进展。应用分级尾砂管道水力输送的充填工艺技术已相当成熟，并在很多矿山推广应用。近年来，国内一些矿山引进和试验了全尾砂膏体泵压胶结充填工艺，如金川镍矿等，推动了全尾砂胶结充填技术的进步，为尾砂产率低、充填料来源不足的矿山提供了成功的实例；在招远金矿、焦家金矿进行了高水速凝全尾砂胶结充填新工艺试验，采用高水速凝材料，与全尾砂浆混合制成质量分数为30%～70%的充填料浆，充入采场后，不需脱水，8 h即可上设备作业。尽管所使用的高铝型高水速凝材料还存在不足之处，但该材料基本解决了尾砂分级脱泥、井下脱排水、采场接顶等技术难题，为更好地利用全尾砂开辟了一个全新的领域，也为研制材料来源广泛、成本较低、性能更好的新型高水速凝材料奠定了基础；块石胶结充填新工艺已推广应用，该工艺将块石与砂浆分开输送，利用砂浆的穿透性固结块石，无须搅拌，其充填体强度接近于混凝土胶结充填强度，与混凝土胶结充填相比，充填效率大大提高，工艺更为简单，工人劳动强度大大降低，在新桥硫铁矿等矿山取得了很好的效果。

（3）水泥替代品研究取得了长足的进展。水泥在胶结充填材料成本中占比高达60%～80%。寻找水泥替代品以降低水泥消耗成为降低胶结充填成本的一个重要方面。冶炼厂的水淬炉渣、铝厂的赤泥、发电厂的粉煤灰等都是良好的水泥替代品。

（4）充填采矿技术在磷矿行业已得到应用。例如，开阳磷矿的磷石膏自胶凝充填技术，挑水河磷矿的采充填一体化技术，矾山磷矿的分段菱形矿房充填采矿技术，湖北兴发集团化工股份有限公司的兴隆磷矿两步骤回采嗣后充填采矿技术等，目前都已取得良好的效果。

5. 磷矿开采采用充填法的优势

（1）资源回收率大大提高。贵州开磷控股（集团）有限责任公司1990年以前采用崩落法和空场法采矿时，资源回收率仅为50%左右；在1990～2004年开始使用锚杆护顶分段空场采矿法，该采矿方法获得了国家科技进步奖一等奖，同时将资源的回收率提高到了70%以上；2004年开始推行充填采矿法，并与设计单位一同研发出了"磷化工全废料自胶凝充填采矿"技术（主要原料为磷石膏、黄磷渣等），获得了国家科技进步奖二等奖，并首次实现了我国地下磷矿山的无废害开采，使磷石膏的大规模再利用与高效、低贫损采矿完美结合，同时将资源的回收率提高到了90%以上。贵州瓮福（集团）有限责任公司大塘磷矿采用垂直深孔球状药包落矿阶段矿房法（vertical crater retreat method，VCR），采矿后阶段嗣后充填，提高了矿块总体回收率，并减小了贫化损失。综上，充填法相比于空场法和崩落法在采矿回收率上有极大的优势。

（2）安全环保，减少对环境的破坏。充填采矿法的现实意义和作用已经不再只局限于矿山开采这一单一的领域，其发展将与城市化、人口增长、工业废料无废化处置息息相关。利用充填技术将工业废料深埋在地下采空区，不仅可以有效地处理工业废料，改善环境，实现综合利用，而且符合我国的国情和可持续发展的战略目标。德国格隆德铅锌矿利用浮选后的全尾砂和重选后的碎石制备膏体充填料，采用下向水平进路胶结充填技术，是世界范围内典型的无废排放矿山，使得矿山生产不再有尾矿和废渣排放。由此可见，大量的工业固体废料充填采空区，可作为将来矿山开发利用设计考虑的首选方案，这一点表明了充填采矿技术广阔的发展前景和潜力。

1.4.2　磷矿充填开采关键技术

充填采矿法不像其他采矿法那样具有普遍适用性，它有着自身的特殊性，虽然目前已有许多矿山采用了充填采矿法并获得了成功，但其经验并不能全部照搬过来，因为不同的矿山具有不同的特点，采用的充填材料、料浆输送方式，甚至采充方式都不同。与传统的尾矿胶结充填相比，磷矿山采用充填开采必须具备如下关键技术，如不创新攻克，可能影响应用效果。

1. 高效充填采矿技术

据统计，胶结充填成本占采矿成本的比例高达 1/3～1/2，而水泥在胶结充填材料成本中的占比高达 60%～80%。磷矿石经济价值较低，利润空间有限，若采用充填采矿法开采，将大幅增加采矿成本，导致矿山微利甚至亏损，从而制约着该法的应用与推广。而要采用充填采矿法开采，就必须更加严格地控制充填成本，对充填系统各环节进行系统优化，极大程度地降低充填成本，同时要优化开拓布局、采矿方法与工艺，极大程度地提高生产效率，确保矿山的整体效益。

2. 盘区条带胶结充填开采技术

充填采矿的实质是用低价值材料置换高价值矿石。国内外矿山使用的充填骨料品种很多，大多根据矿山实际条件，选用来源广泛、成本低廉、物理化学性质稳定、无毒、无害、具备骨架作用的材料或工业废料作为充填骨料。磷矿山大多处于中高山地区，充填材料来源有限，产生的工业固体废弃物主要为磷尾矿和磷石膏，磷石膏大规模应用于矿山充填，目前还存在很大争议。磷矿石重选后产生的尾矿约占开采原矿的 1/3，若用尾矿全部置换矿石，则尾矿量不够，如采购充填骨料，势必增加充填成本，这就需要在充分利用现有尾矿和确保充填之间找到平衡点，即需要确定一个合理的采充比，应对回采工艺、采场结构参数等进行研究，而掌握矿压分布规律则是采场巷道布置、支护方式选择、充填体强度确定等的前提和基础。确定了合理的采充比，可将产生的尾矿全部用作充填骨料，无须额外采购充填骨料，这样既能解决充填骨料的来源问题，节约成本，又能很好地进行采场顶板管理，确保安全生产。

3. 粗骨料胶结充填技术

我国磷矿大部分属于中低品位的胶磷矿，磷矿资源需要先进行富集，重介质选矿是有效方法之一，其产生的固体废弃物主要有粗磷尾矿和尾泥，以粗磷尾矿为主。将粗磷尾矿作为充填骨料，属粗骨料胶结充填，骨料的级配不同，充填的工艺流程和技术特点也就不同。特别地，磷矿山面积大，料浆输送距离长，这就需要对充填骨料的级配、充填料浆的配比、高浓度充填料浆的制备与输送、采场结构参数、充填工艺、充填组织管理等进行系统的应用研究，当然也需要对矿山粗骨料胶结充填的基本理论展开研究。

4. 高浓度充填料浆制备技术

高浓度充填料浆是指，充填料浆的浓度接近或大于临界流态浓度而小于极限可输送浓度。不合格充填料浆在输送过程中将会出现材料的分层、离析，堵管等问题。合格的高浓度充填料浆具有良好的稳定性、流动性和可泵性，其制备对各组分的比例及充分混合要求较高，这就要求计量系统、控制系统、搅拌系统可靠性高，运行稳定。因此，需要研发全套自动控制系统，该系统可靠性高，运行稳定，效果良好。

5. 高浓度料浆长距离输送技术

磷矿区面积大，充填料浆输送距离更远，输送时间更长；另外，充填骨料多为粗骨料，受粗粒级碎石的影响，料浆的流变特性和输送特性均会发生很大变化，这对充填料浆的输送技术提出了更高的要求。为了有效地解决料浆输送可能出现的离析、堵管等问题，除了制备合格的高浓度充填料浆外，还需要对料浆的输送方式、工艺参数及输送设备等开展系统研究。

6. 缓倾斜矿体充填接顶技术

采空区充填是地压管理的重要方法，很多矿山采空区充填过程中未能接顶，导致围岩移动，地压活动频繁，片帮冒落严重，给矿山安全生产带来了极大的威胁。磷矿层多呈近水平或缓倾斜赋存，在充填开采中，充填接顶问题更为突出。如何改善充填工艺，提高充填接顶率和充填质量成了磷矿山采用充填采矿法开采时必须考虑的问题。

1.5　本章小结

本章主要介绍中国磷矿资源储量及赋存概况、磷矿资源开发存在的主要问题、充填开采技术优势、磷矿充填开采的可行性及需要解决的关键技术。

我国磷矿资源分布极为不均，且贫矿多富矿少，中低品位矿多高品位矿少。开采技术落后等原因造成的环境污染和资源浪费问题亟待解决。充填开采技术是绿色开采技术，已从贵重金属矿逐渐应用到各种普通金属矿和非金属矿，从高品位矿山向低品位矿山推广。

虽然充填采矿法取得了丰富的成果，但在磷矿区采用充填采矿法还需具备若干关键技术：高效充填采矿技术，盘区条带胶结充填开采技术，粗骨料胶结充填技术，高浓度充填料浆制备技术，高浓度料浆长距离输送技术，缓倾斜矿体充填接顶技术。

第 2 章

磷矿条带充填开采充填体强度设计

2.1 条带充填开采

2.1.1 条带充填开采概述

条带开采法是将待采矿层划分成比较正规的条带形状，采一条带，留一条带，让留下的条带矿柱支撑顶板和上覆岩层，从而控制地表的沉陷。根据不同的分类标准，条带开采法可以分为冒落条带开采和充填条带开采，定采留比条带开采和变采留比条带开采，倾斜条带开采和走向条带开采等多种类型（李凤明，2004）。大量的条带开采实践表明，该法是控制地表沉陷的一种有效开采技术。

条带充填开采就是在矿层采出后顶板冒落前，采用胶结充填材料对采空区的一部分空间进行充填，构筑相间的充填条带，靠充填条带支撑覆岩，控制地表沉陷，详见图 2.1。

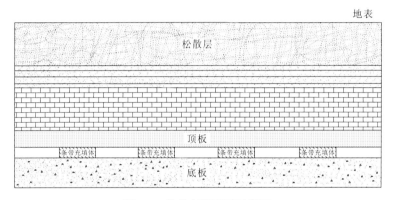

图 2.1　条带充填开采示意图

条带开采法与条带充填开采法的主要区别是支撑顶板和上覆岩层的支撑体不一样，一个是自然矿柱，一个是人工矿柱，即支撑体的材料和强度不一样。与传统的条带开采法相比，条带充填开采法的采出率得到提高。目前国内外充填条带的实际工程案例较少。国内外学者针对煤矿条带开采进行了大量研究，形成了较为完整的理论体系。磷矿山全层开采时，配套的重介质选矿厂，每 3 t 原矿约产生 1 t 尾矿，尾矿与废石作为充填骨料不能满足全部采空区的充填需求。矿山地处中高山区，充填材料来源有限，考虑充填成本控制与环境保护，选择条带充填开采。条带充填开采时，条带充填体起到类似条带煤柱的支撑作用，条带充填体强度的确定，可借鉴煤矿条带开采的相关理论。

2.1.2 条带开采研究现状

条带开采的理论研究涉及条带开采中的一系列基本问题，主要包括条带开采地表移动机理和规律、条带开采地表移动和变形预计、条带矿柱稳定性研究、条带开采参数优化设计研究等方面。

1. 基本理论研究

条带开采的研究主要针对煤矿，涉及岩石力学（包括岩石及煤的强度、煤柱应力的变化及煤柱的稳定等）和开采沉陷学（包括条带开采的沉陷机理、地表移动与变形的计算、开采方案的设计等）两大领域，又可以分为现场试验与观测、模型试验和数值计算分析研究（包括力学的理论计算）。对条带开采的大部分研究针对的是条带煤柱的稳定性和条带开采尺寸的确定，而条带开采的大部分研究成果基于模型试验结果和数值分析结果，模型试验又以相似材料试验为主。评价煤柱稳定性主要考虑作用于煤柱的荷载、煤柱内部的应力分布、煤柱的强度及煤柱与顶底板的相互作用。在条带开采设计中仍采用传统的极限强度理论分析方法，首先计算煤柱的荷载，然后分析煤柱的承载能力，最后设计煤柱的宽度。煤柱荷载指煤柱实际承受的荷载，主要与地层厚度和开采尺寸有关。提出的计算方法有有效面积理论、压力拱理论和两区约束理论。实际计算中普遍采用的是两区约束理论，该理论认为在采空区一侧距煤壁 $0.3\rho_r H_m$ 处，采空区矸石承受 H_m 的荷载，且在该处与煤壁之间应力按线性分布计算（郭爱国，2006）：

$$P_r = (L_a + L_b)\rho_r H_m - \frac{\rho_r L_b^2}{1.2} \tag{2.1}$$

式中：P_r 为条带煤柱的荷载，MPa；L_a 为留设煤柱的宽度，m；L_b 为开采煤柱的宽度，m；ρ_r 为覆岩的平均密度，t/m³；H_m 为开采深度，m。当 $L_b > 0.6H_m$ 时，取 $L_b = 0.6H_m$。

煤柱强度是煤柱所能承受的最大荷载，它是煤柱稳定性分析的基础。煤柱的强度与诸多因素有关，包括煤柱自身的强度、煤柱的尺寸、煤柱的内部构造、煤柱的表面、煤柱与顶板和底板界面的摩擦及黏结力、围压、采场动态因素。较具代表性的有 Oert、Salamonb 和 Wilson 三个煤柱强度计算公式，它们都是根据实验室试验、现场调查和现场煤柱观测总结得出的。我国在条带设计中普遍采用的是 Wilson 强度计算公式，它认为煤柱两侧有 $0.004\,92\delta_m H_m$ 宽的屈服区（δ_m 为矿层的开采厚度），屈服区内为核区，核区的承载能力为 $4\rho_r H_m$。

$$P_r = 4\rho_r H_m(L_a - 0.004\,92\delta_m H_m) \tag{2.2}$$

式中：P_r 为条带煤柱的荷载，MPa；L_a 为留设煤柱的宽度，m；ρ_r 为覆岩的平均密度，m；δ_m 为矿层的开采厚度，m；H_m 为开采深度，m。

随着条带开采实际应用的增加，我国对条带开采也进行了多项研究，包括相似材料的模拟试验、数值计算分析与现场的实际观测，在这些研究的基础上提出了自己的观点。例如，波浪下沉传播高度与留设煤柱的宽度 L_a 和开采煤柱的宽度 L_b 有关；煤柱两侧应力集中程度随矿层倾角的增大而发生变化，其塑性区也随倾角的增大而增加；侧限压力对煤柱有较大的作用，对于较软弱和裂隙发育的煤柱，部分充填可大幅度提高矿柱的稳定性或矿石采出率；多煤层条带开采时，层间距较大时两层矿相互影响轻微，层间距较小时两层矿相互影响较大；地表移动变形不一定随采出率的增加而增大，而与采宽有关；等等（张华兴和赵有星，2000）。

条带开采的地表与覆岩移动机理方面的研究目前仍处于推测、探索阶段，代表性的假说主要如下（郭文兵 等，2004）。

1）矿柱的压缩与压入说

它是基于连续介质力学法提出的，认为条带开采上覆岩层与地表的沉陷是由矿柱的压缩、矿柱压入底板和矿柱压入顶板三部分组成的。矿柱的压缩量按单向弹性压缩处理，其作用的应力为矿柱平均应力。矿柱压入顶板和底板的量按矿柱的平均应力作用于半无限平板上，依据弹性理论给出的计算公式计算。

2）岩梁假说

它是根据一些矿井的地质条件，认为在条带开采区域上覆岩层中存在一层或几层厚度较大、强度较高的岩层，在条带开采时该岩层为起控制作用的岩梁，或者如同一个受矿柱和垮落拱局部支撑而弯曲下沉的弹性地基梁，然后按线弹性理论给出了其应力和位移的计算公式。

3）托板理论

在岩梁假说的基础上，托板理论认为地表的最大下沉量是由煤柱压入底板量、煤柱压缩量、岩柱压缩量、承重岩层压缩量和托板挠度组成的。该理论认为顶板岩层内存在一层强度较大的坚硬厚岩层，它的作用类似于托板，可以减缓或减小地表的下沉。

4）波浪消失说

它认为条带采出以后，采出条带顶板岩层类似于两端固定约束的岩梁，因弯曲下沉，直接顶与上位岩层分离，在岩梁端部上表面最先出现倒八字裂缝，裂缝斜向开采条带上方，直接顶出现初次断裂或周期性断裂，最终形成上窄下宽的等腰梯形。位于矿柱上方的岩层为压缩变形，其下沉值由下往上逐渐增大，采空区上方的岩体为拉伸变形，因岩体膨胀或出现离层，其下沉值由下往上逐渐减小，在某一高度，两者的下沉趋于一致，在此高度之上为均匀下沉。并且总结出波浪下沉传播高度与条带开采宽度和矿柱宽度有关。

2. 地表移动和变形预计

地表移动和变形预计主要有六个方面。

1）主要预计方法研究

修正预计参数，采用全采预计方法预计条带开采。主要预计方法包括以离散随机介质理论为基础的概率积分法、以剖面函数法和典型曲线法为代表的经验方法、影响函数法、连续介质力学方法。

2）三维层状介质理论研究

关于条带开采的预计方法，随着研究的深入，提出了条带开采沉陷预计的三维层状介质理论。把条带开采工程岩体介质简化为具有开挖孔洞的分层各向同性线弹性空间体，不仅考虑了上覆岩体，而且考虑了条带矿柱和下伏岩体对岩层与地表移动的影响，给出了条带开采岩层及地表移动预计方法。

3）条带煤柱稳定性研究

条带开采煤柱的稳定与否是条带开采成败的关键。我国学者在国外学者研究的基础上，对条带开采煤柱的稳定性进行了较多的研究，但都是从传统的强度观点出发，建立多种煤柱荷载、强度计算的理论和经验公式及分析方法。此外，国外提出的煤柱设计理论还有有效区域理论、压力拱理论、核区强度不等理论等。

4）条带开采设计研究

在条带开采参数设计研究方面，一般认为有两个基本准则：一是条带矿柱有足够的强度和稳定性，从而能长期有效地支撑上覆岩层的荷载；二是条带采宽应使地表不出现波浪下沉盆地而呈现单一平缓的下沉盆地。

5）煤柱稳定性影响因素

在条带开采中，煤柱的稳定性是决定条带开采成败的关键问题之一。因此，分析影响条带煤柱稳定性的各种因素，以便合理进行煤柱设计，确保煤柱稳定性，对提高煤炭资源的采出率和控制地表沉陷都具有重要的意义。采矿工程实践表明，地质因素、采矿因素和条带煤柱自身的力学性质是影响条带煤柱稳定性的重要因素。

地质因素主要是指地质构造、开采深度、上覆岩层容重、煤层倾角、煤层顶底板条件、地应力及地下水的影响等。地质构造，如断层破碎带、节理、裂隙等弱面影响条带煤柱的应力环境和条带煤柱的完整性，从而影响条带煤柱的稳定性。开采深度和上覆岩层容重决定条带煤柱所承受的荷载，从而影响煤柱的应力状态。随着开采深度和上覆岩层容重的增大，条带煤柱所承受的荷载也增大。在采空区内冒落矸石未接顶、不承载的情况下，条带煤柱的荷载可以认为是采宽和留宽上覆岩层重量之和，即

$$P_r' = \gamma_r H_m (L_a + L_b) \tag{2.3}$$

考虑到采空区内岩石的承载力，煤柱实际承受的荷载为

$$p_r' = \gamma_r H_m \left[L_a + \frac{L_b}{2} \left(2 - \frac{L_b}{0.6 H_m} \right) \right] \tag{2.4}$$

式中：p_r' 为煤柱实际承受的荷载，MPa；H_m 为开采深度，m；γ_r 为上覆岩层容重，t/m³；L_a 为留设煤柱宽度，m；L_b 为开采煤柱的宽度，m。

煤层倾角影响到条带煤柱受力状态、各个方向分力的大小和集中程度。煤层顶底板条件、地应力不仅影响到条带煤柱的应力状态和应力环境，而且对条带煤柱的强度也有影响。地下水对煤柱的稳定性影响很大，通过弱化煤柱的力学性质，降低煤柱的强度，从而降低煤柱的稳定性。

采矿因素主要指开采宽度、留设煤柱宽度、采出率、条带煤柱的高度、采空区处理方法、采煤方法和工艺等。理论和实践均已表明在相同采出率的情况下，采用较大的采宽和留宽时，条带煤柱的安全系数较大。当采宽和留宽都很小时，即使采出率不高，但煤柱的有效支撑面积核区宽度很小，容易造成煤柱的失稳。煤柱强度反映煤柱支撑上覆岩层的能力，煤柱的强度不仅与煤柱的力学性质，煤柱内弱面、顶板、底板的岩性，以及煤柱侧向应力等因素有关，还与煤柱的长度、宽度、高度、形状等都有密切的关系。

不同的采空区处理方式，对条带煤柱的稳定性影响很大。例如，采用充填法管理顶板时，充填比较密实的情况下，煤柱处于比较理想的三向应力状态，从而能够提高条带煤柱的抗压强度。采煤方法和工艺对条带煤柱的影响主要表现在对煤柱的采动干扰影响方面，如煤柱的布置方式、工作面推进速度和工作面落煤方式等。

条带煤柱自身的力学性质主要包括煤体自身的单轴抗压强度、弹性模量，煤体的黏聚力、内摩擦角，煤柱的内部构造弱面，弱面上或者是煤柱与顶底板界面的黏聚力、内摩擦角等。煤体的黏聚力和内摩擦角是与煤体的变质程度有关的力学参数，一般来讲，其数值随煤体变质程度的增高（褐煤—焦煤—无烟煤）而增大，煤体的黏聚力、内摩擦角、单轴抗压强度、弹性模量是影响煤柱极限强度的主要因素。煤柱内弱面的存在，将影响煤柱的抗剪强度，降低煤柱的稳定性。煤柱与顶底板界面的黏聚力、内摩擦角和顶底板岩性的关系反映在顶底板对煤柱的摩擦效应方面。坚硬的顶底板通过摩擦效应来限制煤柱的水平变形，使煤柱的强度和稳定性增强，而软弱的顶底板不能限制煤柱的水平变形，使煤柱内部产生水平拉应力，从而降低煤柱的实际强度。

6）地表下沉系数影响因素

地表下沉系数是反映充分采动条件下地表最大下沉值与采厚关系的一个量度。在采动次数、采煤方法及岩性相同的情况下，它在数值上是比较稳定的。在开采水平和倾斜煤层时，它的含义是地表最大下沉值与煤层法线采厚在铅垂方向投影的比值，即

$$\eta_w = \frac{W_{max}}{m_m \cos \alpha_m}$$ （2.5）

式中：η_w 为地表下沉系数；W_{max} 为地表最大下沉值；m_m 为煤层法线采厚；α_m 为煤层倾角。

在我国长壁开采中，用冒落法管理顶板时，地表下沉系数的变化范围一般为 0.40～0.95。它与上覆岩层的关系是十分密切的。岩层坚硬时，地表下沉系数小；岩层软弱时，地表下沉系数大。可以引用覆岩综合评价系数 p_i 来反映覆岩岩性对地表下沉系数的影响。覆岩综合评价系数取决于覆岩岩性及厚度，可以用式（2.6）表示：

$$p_i = \frac{\sum_{i=1}^{n} m_i q_i}{\sum_{i=1}^{n} m_i}$$ （2.6）

式中：p_i 为覆岩综合评价系数；m_i 为分层的法线厚度，m；q_i 为分层的岩性评价系数。

垮落法充分采动条件下的地表下沉系数可以表示为 $\eta_w = 0.5(0.9 + p_i)$。

各类覆岩的综合评价系数和地表下沉系数如表 2.1 所示。

表 2.1　不同硬度覆岩的综合评价系数和地表下沉系数

岩性	p_i	η_w
坚硬	0.0～0.3	0.4～0.6
中硬	0.3～0.7	0.6～0.8
软弱	0.7～1.0	0.8～0.95

条带开采地表下沉系数是表征条带开采地表移动规律的重要参数，也是条带开采地表移动和变形预计的关键性参数，其取值的准确与否直接关系到地表移动和变形预计结果的精度。邹友峰和马伟民（1996）等将条带开采地表沉陷的影响划分为四类，即工程岩体的物理力学参数、煤柱的强度和物理力学参数、环境应力、开采几何尺寸等。实测资料和理论研究均表明，条带开采地表下沉系数主要与以下地质采矿因素有关。

（1）采宽。根据托板理论，采宽决定托板的跨度和稳定性，从而影响地表下沉系数，所以采宽是影响地表沉陷的主要控制因素。

（2）留宽。条带开采留设煤柱的宽度决定了条带煤柱的稳定性。条带煤柱能否支撑上覆岩层的荷载是条带开采成败的关键问题之一。只有具备足够的留设煤柱的宽度，才能够保证条带煤柱的稳定性，从而减小地表的下沉。

（3）采深。条带开采客观上受到多种因素的影响，而且其地表沉陷的机理与全采时不同，因此，目前国内外普遍认为条带开采的地表下沉系数与采深之间的关系比较复杂。随开采深度的增加，上覆岩层压力加大，使得煤柱的压缩和煤柱压入顶底板的量增加，地表最大下沉值也相应增加。因此，在开采深度大的区域进行条带开采时，不得不减小采出率，以保证煤柱的稳定性并控制开采沉陷。另外，开采深度大，尤其是基岩层厚度较大时，开采沉陷显得比较平缓，采动影响半径较大，使得采动变形减少。这对于地面受护体的保护是有利的。

（4）采厚。开采沉陷随着采出厚度的增加而加大，而表征开采沉陷与采出厚度比值的地表下沉系数在一定的地质条件下被认为是不随采出厚度的变化而变化的。但是，实践表明，地表下沉系数并不是恒定的常数，它随采出厚度的增加而稍有减小。采厚对条带开采地表沉陷的影响一方面体现在采厚大，煤柱高度大，条带煤柱的极限强度小，承载能力和稳定性差。另一方面，由于条带开采与全采引起的采动沉陷机理不同，条带开采地表下沉系数随采厚的增大有减小的趋势。当采出厚度较小时，相对地表下沉系数较大；而当采出厚度较大时，相对地表下沉系数较小。

（5）采出率。采出率决定采宽和留宽的相对宽度，条带开采的采出率对地表下沉系数的影响很大，采出率越大，地表下沉系数越大。采出率太高，条带煤柱就有可能被压垮，使地表下沉量急剧增加。

（6）采煤方法与顶板管理方法。采煤方法主要是指条带煤柱的布置方式和采煤工艺，条带煤柱的布置方式不同，煤柱的稳定程度不同，不同的采煤方式对条带煤柱的影响程度不同。条带开采的顶板管理方法主要有冒落法和充填法。充填法条带开采可以大大减小地表下沉系数。

（7）上覆岩层的结构及物理力学性质。上覆岩层的结构和覆岩强度对煤层开采以后上覆岩层及地表下沉值起着至关重要的作用。统计资料表明，全采的地表下沉系数与上覆岩层的性质密切相关，上覆岩层越坚硬，地表下沉系数越小；上覆岩层越软弱，地表下沉系数越大。

（8）煤柱及顶底板围岩的力学性质。煤柱及顶底板围岩的力学性质包括煤岩体的弹性模量、泊松比、抗压强度等。煤柱的压缩和压入说认为，条带开采的地表沉陷主要由条带煤柱压缩量、煤柱对顶板的压入量、煤柱对底板的压入量三部分组成。地表开采沉陷与煤柱和顶底板岩层的弹性模量均呈分式函数关系。弹性模量小意味着煤层和顶底板松软，此时，在相同外力作用下，会产生比较大的煤柱压缩和顶底板岩层压入，所以地表开采沉陷变大。相反，对于弹性模量大的坚硬煤层和顶底板岩层，地表开采沉陷相应减小。因为煤层和顶底板泊松比的取值范围变化较小，加之其变化对开采沉陷值影响也较小，所以总体来说，煤柱和顶底板泊松比对开采沉陷的影响均不十分明显。值得指出的是，煤层和顶底板泊松比对开采沉陷的作用相反。煤柱泊松比大时，煤柱的压缩量增加，地表开采沉陷量也大。而当顶底板具有较大的泊松比时，煤柱压入顶底板的量减少，从而减少了开采沉陷。

（9）采出条带内冒落带高度。目前有两种理论，一种理论认为在条带开采中，如果顶板松软破碎，采出条带内顶板会冒落，而冒落后的矸石可使原来留设的双向应力状态煤柱转变成为三向受力状态的煤柱，有利于减少岩层移动。另一种理论认为，由于煤壁上方的顶板悬梁特性，顶板不可能沿煤壁自下而上切下来充实煤壁，并且冒落在中部的岩石也难以接顶来支撑上覆岩层。与此相反地，由于采出条带内顶板的冒落，增加了煤柱上方双向应力状态下的岩柱，从而加大了开采沉陷。由于条带开采跨度较小，顶板冒落不太充分，在采厚不是太小的条件下，冒落的矸石一般不能接顶，实现煤柱的三轴受力状态比较困难。

（10）条带开采区域面积。条带开采围岩应力和位移变化结果表明，无论是充填条带还是非充填条带，后期开采条带的扩大受已开采条带的影响。这是因为受已开采条带影响的岩体，在受到后续条带开采影响时，围岩会受到二次采动影响。根据围岩应力变化规律，充填条带上方围岩的应力要进一步增大，引起受先前开采条带和新开采条带影响的岩体与充填体的进一步变形，开采影响及其范围产生叠加。研究表明，条带开采时的地表移动和变形规律与全采时近似。全采时，在一定的地质采矿条件下，当开采区域面积达到一定范围后，地表沉陷达到该地质采矿条件下的最大值，即地表下沉值不再随条带开采区域面积的增大而增大。条带开采一般是在长壁工作面内进行的，因此也存在是否充分采动的问题。当条带开采区域面积较小时，地表沉陷不能达到充分采动，非充分采动时的地表最大下沉值与两个方向的采动程度系数有关。

（11）煤层倾角。煤层倾角对上覆岩层及地表的移动形态有一定的影响，并且地表最大下沉值与煤层倾角有很大的关系。尤其是在条带开采时，煤层倾角对沿走向布置的条带煤柱的稳定性具有明显的影响，从而影响地表最大下沉值。

2.2 磷矿条带胶结充填体强度设计

2.2.1 充填体强度设计方法概述

矿体被采出和料浆充填是围岩应力经历平衡—失衡—再平衡的复杂过程，因此，采场围岩稳定性是矿山安全开采考虑的首要核心问题。影响矿区围岩稳定性的因素有很多，其中之一就是充填体的强度，强度确定过高，则会提高充填成本，确定过低，则达不到预期的目的，寻找合理的充填体强度一直是充填技术重要的研究内容。

国内外针对充填体强度与稳定性做了大量研究，在确定胶结充填体强度中，所使用的方法有：①经验类比法，即参考比较类似的矿山的实践，选择适宜的强度。目前采用充填采矿法的矿山，充填体的强度大多采用经验类比法得出；②经验公式法，即通过总结典型充填矿山的胶结充填体强度资料，获得经验方程，据此确定要设计的矿山的胶结充填体强度；③物理模拟方法，即采用物理模型，进行设计矿山条件的相似模拟，据此确定所需的胶结充填体强度；④数学模型方法，即通过对影响胶结充填体强度的主要因素的研究，建立相应的数学模型，以此确定胶结充填体所需的强度；⑤岩土力学分析方法，即移植岩土力学中的有关分析方法，如面积承载理论等，确定胶结充填体所需的强度；⑥弹性力学分析方法，即在弹性假设基础上，利用弹性力学分析手段，分析胶结充填体中的应力分布，据此确定其所需强度；⑦数值分析方法，即采用有限差分法等数值分析方法，对充填体与围岩系统进行应力、应变分析，进而确定胶结充填体的强度要求。

按照上述充填体强度的确定方法，世界各地实际使用的胶结充填体的强度值差别很大，见表 2.2（蔡嗣经和王洪江，2012），总体来说，北美、澳大利亚、北欧等设计的胶结充填体的强度较低，南非的深部矿井设计的胶结充填体的强度较高，我国矿山使用的胶结充填体强度也较高。这其中，除由于具体开采条件不同、所要求的强度不同外，在相当大程度上与确定胶结充填体强度的理论和方法的科学性不足有关。

表 2.2　矿山实际使用的胶结充填体的强度

国家	矿山	高/m	长/m	房宽/m 柱宽/m	胶结充填体强度的设计方法	充填材料	水泥质量分数/%	养护龄期/d	强度值/MPa
中国	凡口铅锌矿	40	35	7~10 / 4~8	经验类比法	尾砂、棒磨砂	11	28	2.5
	金川镍矿	60	51	50 / 50	经验类比法	戈壁集料	9.5	28	2.5
	锡矿山矿	18~36	20~30	10 / 8	经验公式法	尾砂、碎石	10	28	4
	新城金矿	30, 40	20~30	8 / 7	经验类比法	尾砂	8	28	1.5
	柏坊铜矿	30	15	4~8 / 4~6	经验类比法	碎石、河沙	10	28	4

国家	矿山	高/m	长/m	房宽/m 柱宽/m	胶结充填体强度的设计方法	充填材料	水泥质量分数/%	养护龄期/d	强度值/MPa
加拿大	洛克比矿	45	72	11 / 11	数值分析方法	尾砂	8.5	28	1.2
	基德克里克矿	60~90	4~5	4~5 / 4~5	经验类比法	尾砂、碎石	5	28	4.1
	诺里达矿	65	11	25 / 25	经验类比法	尾砂	10	28	0.95
	福克斯矿	120	22	30.5 / 13.5	岩土力学分析方法	尾砂、矸石	3	28	0.45
澳大利亚	芒特艾萨矿	100	40	30 / 30	经验类比法	碎石、尾砂	10.5	28	2.2
	坎宁顿矿	40	10	30 / 30	经验类比法	尾砂	10.5	28	0.85
芬兰	奥托昆普矿	20	6	8 / 8	经验类比法	尾砂、碎石	7.5	90	1.75
	瓦马拉矿	50	40~70	5~30 / 5~30 / 15	经验类比法	尾砂	5.5	240	1.5
瑞典	加彭贝里矿	4.5	6	4 / 4	经验类比法	尾砂	15	28	2
印度	I.C.C.矿山	30	10	6 / 6	经验类比法	尾砂	7	28	11
日本	小坂矿	3.5	30	30 / 30	经验类比法	尾砂、炉渣	3	28	0.5
南非	黑山矿	70	28	45 / 45	经验类比法和物理模拟方法	尾砂	7.5	28	7
	黑山矿	70	28	45 / 45	数值分析方法	尾砂	5	28	4

2.2.2　条带胶结充填体设计强度理论计算

胶结充填采矿技术是磷矿开采技术的发展趋势，控制充填体质量和成本是该法研究的重要内容。主要的控制措施是设计合理的胶结充填体强度，而胶结充填体强度取决于矿山的矿床赋存条件、采场围岩性质、矿床埋藏深度、开采方法、充填体暴露面积等因素。目前国内外尚无统一的胶结充填体强度设计标准，现有研究大多针对金属矿山，而磷矿的相关研究甚少。与金属矿相比，磷矿的附加值较低，其承受的矿压较大，若采用充填采矿法开采，则要求更低的充填成本和更高的充填体强度。因此，研究磷矿胶结充填体的设计强度具有重要的理论意义和现实意义（梅志恒 等，2017）。

胶结充填体强度设计准则应当基于充填体在采空区所起的力学作用。条带充填开采和条带开采的力学作用机理是相似的，均是通过一定宽度的支撑体（胶结充填体或矿柱）来支撑上覆岩层的移动变形，从而达到减少采场矿压和地表下沉的目的，因此可借鉴条带开采的相关理论及公式。国内外学者通过对条带开采矿柱的稳定性进行深入研究，提出了多种矿柱极限载荷及强度计算的理论或公式，并成功应用于生产实践中，如 Wilson 的两区约束理论及 King 的有效区域理论（吴立新 等，2000；Galvin et al.，1996）。根据上述两种理论，充填条带承受荷载按最危险状态计算，即上覆岩层的全部重量都由充填条带承担，则充填体承受的荷载可由下式计算：

$$P_p = \gamma H_m \left[L_{f1} + \frac{L_{f2}}{2} \left(2 - \frac{L_{f2}}{0.6 H_m} \right) \right]$$（2.7）

式中：P_p 为充填体承受的荷载，MPa；γ 为覆岩体积质量，t/m^3；H_m 为开采深度，m；L_{f1} 为充填宽度，m；L_{f2} 为充填间距，m。

为保证条带充填体的稳定性，其强度按比涅乌斯基公式进行计算：

$$\sigma_T = \sigma_M \left(0.64 + 0.36 \frac{L_{f1}}{H_h} \right)^n$$（2.8）

式中：σ_T 为条带充填体强度，MPa；σ_M 为现场临界立方体试件单轴抗压强度，MPa；H_h 为充填条带采高，m；当 $\frac{L_{f1}}{H_h} > 5$ 时，$n=1.4$，当 $\frac{L_{f1}}{H_h} < 5$ 时，$n=1$。

充填材料与矿石是两种截然不同的材料，其尺寸效应也不相同。磷矿山的充填材料和配比与部分矿山采用的充填材料及配比相似，故可借鉴其他矿山充填体的尺寸效应。根据矿山已有的充填经验，现场临界立方体试件的单轴抗压强度与充填材料试件的单轴抗压强度的转换按下式计算：

$$\sigma_M = 3\sigma_C$$（2.9）

式中：σ_M 为现场临界立方体试件单轴抗压强度，MPa；σ_C 为充填材料试件单轴抗压强度，MPa。

根据极限强度理论，要保持支撑体的长期稳定性，需考虑一定的安全系数。根据已有的充填经验，安全系数一般取 1.5～2.0，条带充填取 2.0，即

$$\sigma_T / P_p \geqslant 2.0$$（2.10）

根据式（2.7）～式（2.10）可得充填体单轴抗压强度计算公式：

$$\sigma_C \geqslant \frac{\gamma H_m \left[L_{f1} + \dfrac{L_{f2}}{2} \left(2 - \dfrac{L_{f2}}{0.6 H_m} \right) \right]}{3 \left(0.64 + 0.36 \dfrac{L_{f1}}{H_m} \right)} \qquad (2.11)$$

2.3　磷石膏基材料的强度规律定量研究

对磷石膏基材料的强度进行定量研究是目前研究的一大难点。何春雨等（2009）研究发现，磷石膏基胶凝体系的强度会随着养护温度的升高而不断增大；廖国燕等（2010）通过试验得出了影响磷石膏基胶凝体系的五大主要影响因子；Li等（2009）通过分析磷石膏基材料孔结构与强度的定性关系，总结了其强度机理，半定量地揭示了其强度变化规律；Provis等（2012）构建了磷石膏基胶凝体系空间体积与成分水体积的数学关系；方永浩等（2010）研究对比了不同材料下的磷石膏基材料的抗压强度和气孔结构之间的关系。以上研究大多是对磷石膏基材料的定性和半定量研究，在其强度规律、水化机理、影响机理等方面取得了很大的成果。候姣姣和梅甫定（2013）基于数学因子分析法，通过构建磷石膏基材料影响因素与强度之间的线性和非线性数学模型，定量地对其强度规律进行了研究。

2.3.1　磷石膏基材料强度因子模型建立

1. 试验原理

基于数学因子分析法，将影响磷石膏基材料的多个影响因素进行归纳分类，通过线性整合若干公共因子和特殊因子，得出影响磷石膏基材料强度的主要因素，具体数学原理如下。

（1）$\boldsymbol{X} = (x_1, x_2 \cdots, x_p)'$ 为可测量随机向量，其均值向量 $E(\boldsymbol{X}) = \boldsymbol{0}$，协方差阵 $\mathrm{Cov}(\boldsymbol{X}) = \boldsymbol{\Sigma}$，且协方差阵 $\boldsymbol{\Sigma}$ 与相关系数矩阵 $\boldsymbol{R}$ 相等（将进行变量标准化）。

（2）$\boldsymbol{F} = (F_1, F_2, \cdots, F_m)' \ (m < p)$ 为不可测量向量，其均值向量 $E(\boldsymbol{F}) = \boldsymbol{0}$，协方差矩阵 $\mathrm{Cov}(\boldsymbol{F}) = \boldsymbol{I}$，即向量的各分量是相互独立的。

（3）$\boldsymbol{\varepsilon} = (\varepsilon_1, \varepsilon_2, \cdots, \varepsilon_p)'$ 与 $\boldsymbol{F}$ 相互独立，且 $E(\boldsymbol{\varepsilon}) = \boldsymbol{0}$，$\boldsymbol{\varepsilon}$ 的协方差阵 $\boldsymbol{\Sigma}$ 是对角阵，即向量的各分量之间是相互独立的。

模型

$$\begin{cases} x_1 = a_{11} F_1 + a_{12} F_2 + \cdots + a_{1m} F_m + \varepsilon_1 \\ x_2 = a_{21} F_1 + a_{22} F_2 + \cdots + a_{2m} F_m + \varepsilon_2 \\ \cdots\cdots \\ x_p = a_{p1} F_1 + a_{p2} F_2 + \cdots + a_{pm} F_m + \varepsilon_p \end{cases} \qquad (2.12)$$

称为因子分析模型，又称为 R 型正交因子模型。

其矩阵形式为

$$X = AF + \varepsilon \tag{2.13}$$

其中，

$$X = \begin{bmatrix} x_1 \\ x_2 \\ \vdots \\ x_p \end{bmatrix}, \quad A = \begin{pmatrix} a_{11} & \cdots & a_{1m} \\ \vdots & & \vdots \\ a_{p1} & \cdots & a_{pm} \end{pmatrix}, \quad F = \begin{bmatrix} F_1 \\ F_2 \\ \vdots \\ F_m \end{bmatrix}, \quad \varepsilon = \begin{bmatrix} \varepsilon_1 \\ \varepsilon_2 \\ \vdots \\ \varepsilon_p \end{bmatrix} \tag{2.14}$$

注意：（1）$m \leqslant p$；

（2）$\mathrm{Cov}(F, \varepsilon) = O$，即 F 和 ε 是不相关的；

（3）$\mathrm{Var}(F) = I_m$，表示 $F_1, F_2, \cdots, F_m$ 之间方差为 1，均不相关；

（4）$D(\varepsilon) = \mathrm{Var}(\varepsilon) = \begin{bmatrix} \sigma_1^2 & \cdots & 0 \\ \vdots & & \vdots \\ 0 & \cdots & \sigma_P^2 \end{bmatrix}$，表示 $\varepsilon_1, \varepsilon_2, \cdots, \varepsilon_p$ 之间方差不同，不相关；

（5）A 是因子荷载矩阵，F 代表公共因子，ε 为特殊因子，a_{ij} 为因子荷载，其中 $A = (a_{ij})$。

2. 模型构建

将影响磷石膏基强度的灰砂比、水灰比、密度、湿度、激发剂、外加剂、温度 7 个具有错综复杂关系的变量，基于数学因子分析方法，建立其相关系数矩阵 R，得出强度性能与主要因子之间的线性关系，从而构建其强度因子分析模型。磷石膏基材料强度性能影响指标见表 2.3。

表 2.3　磷石膏基材料强度性能影响指标

指标编号	灰砂比	CaO 掺量/g	外加剂掺量/mg	温度/℃	湿度/%	水灰比	28 d 单轴抗压强度/MPa
1	0.463	50	20	20	95	2.34	4.82
2	0.421	70	20	20	95	2.62	4.61
3	0.416	90	20	20	95	1.95	3.92
4	0.430	50	10	20	95	2.65	4.13
5	0.432	50	5	20	95	2.47	2.52
6	0.463	50	20	25	65	2.39	3.01
7	0.463	50	20	30	35	1.96	3.13
8	0.499	50	20	20	95	2.73	3.25
9	0.570	50	20	20	95	3.10	2.89

通过统计分析软件 SPSS 的分析可知，磷石膏基材料的三个特征值分别为 $\lambda_1 = 3.928$、$\lambda_2 = 1.788$、$\lambda_3 = 1.303$，其累积贡献率为（$\lambda_1 + \lambda_2 + \lambda_3$）/ 8 = 0.877，因此可知其主因子 m'

为 3，其因子荷载和共同度估计见表 2.4。

表 2.4　因子荷载与共同度估计

变量	因子			共同度
	F_1	F_2	F_3	
	荷载量			
x_1	0.952	0.100	−0.040	0.918
x_2	−0.952	−0.100	−0.040	0.918
x_3	0.929	0.041	−0.175	0.895
x_4	0.928	0.303	−0.009	0.952
x_5	−0.467	0.698	0.098	0.715
x_6	0.272	0.424	0.854	0.983
x_7	0.121	−0.667	0.723	0.982
λ	3.928	1.788	1.303	
累积贡献	0.491	0.715	0.877	

注：λ 为相关矩阵特征值；x_1 为温度；x_2 为湿度；x_3 为水灰比；x_4 为 28 d 单轴抗压强度；x_5 为 CaO 掺量；x_6 为外加剂掺量；x_7 为灰砂比；F_i 为影响强度主因子，其中 F_1 为外加剂影响因子，F_2 为灰砂比影响因子，F_3 为水灰比影响因子。

计算可得磷石膏基材料强度因子分析模型具体如下：

$$x_1 = 0952F_1 + 0.100F_2 - 0.040F_3 + 0.310$$
$$x_2 = -0952F_1 - 0.100F_2 - 0.040F_3 + 0.237$$
$$x_3 = 0.929F_1 + 0.041F_2 - 0.175F_3 + 0.216$$
$$x_4 = 0.928F_1 + 0.303F_2 - 0.009F_3 + 0.108$$
$$x_5 = -0.467F_1 + 0.698F_2 + 0.098F_3 + 0.248$$
$$x_6 = 0.272F_1 + 0.424F_2 + 0.854F_3 + 0.341$$
$$x_7 = 0.121F_1 - 0.667F_2 + 0.723F_3 + 0.099$$

其碎石图及成分图见图 2.2、图 2.3。

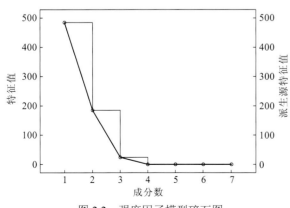

图 2.2　强度因子模型碎石图

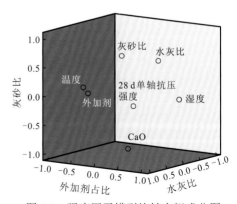

图 2.3　强度因子模型旋转空间成分图

3. 模型分析

通过分析可知，温度、水灰比、28 d 单轴抗压强度是影响主因子 F_1 的三大指标，其荷载值均大于 0.9，同时主因子 F_1 对 x_i 的方差贡献率约为 49.1%，从而可知水灰比在这三个指标里对强度的影响最大。

灰砂比和 CaO 掺量是影响主因子 F_2 的两大指标，其荷载值较小，同时主因子 F_2 对 x_i 的方差贡献率约为 71.5%，从而可知灰砂比和 CaO 掺量这两个指标均对强度影响较大。

外加剂掺量和灰砂比是影响主因子 F_3 的两大指标，其荷载值均大于 0.7，同时主因子 F_3 对 x_i 的方差贡献率约为 87.7%，相比而言，外加剂掺量和灰砂比对磷石膏基强度的影响程度最大。

通过上述分析可知，外加剂掺量、灰砂比、水灰比是影响磷石膏基材料强度性能的三大主要因素，影响程度从大到小依次为外加剂掺量>灰砂比>水灰比。

2.3.2　磷石膏基材料强度规律模型建立

1. 试验原理及模型建立

外加剂掺量、灰砂比、水灰比是影响磷石膏基材料强度性能的三大主要因素，通过强度因子分析模型可计算得出它们与强度性能之间的定量关系，但其计算值为协方差，无法直接测量得出，因此，构建一种定量且影响因子可直接测量的数学模型是十分有必要的。基于强度因子分析模型和霍夫模型（Ritwik et al.，2010），构建磷石膏基材料的强度规律模型，主要原理如下。

理论体积比：

$$n_V = \frac{V_v}{V_t} = \frac{V_a + V_{ew}}{V_c + V_w + V_a + V_{fl}} \tag{2.15}$$

初始密度：

$$d_c = \frac{W_t}{V_t} = \frac{W_c + W_w + W_{fl}}{V_c + V_{nw} + V_{fl} + V_v} = \frac{(1+k_s)(W_c + W_{fl})}{V_c + V_{nw} + V_{fl} + V_v} \tag{2.16}$$

成分水与水泥的比值：

$$\frac{W_{nw}}{W_c} = 0.20 = \frac{(\rho_w)V_{nw}}{\rho_c \rho_w V_c} \tag{2.17}$$

由式（2.17）可得磷石膏基材料中成分水的体积为

$$V_{nw} = 0.20 \rho_c V_c \tag{2.18}$$

磷石膏基材料中未反应填充的体积为

$$V_v = \left(\frac{1}{d_c}\right)[(1+k_s)(W_c + W_{fl}) - d_c(V_c + 0.20V_c\rho_c + V_{fl})] \qquad (2.19)$$

联立式（2.15）和式（2.19）可得理论体积比，为

$$n_V = \frac{V_v}{V_t} = \frac{V_v}{\left(\dfrac{W_t}{d_c}\right)} = \left(\frac{1}{d_c}\right)\frac{[(1+k_s)(W_c + W_{fl}) - d_c(V_c + 0.20V_c\rho_c + V_{fl})]}{\left[\dfrac{(1+k_s)(W_c + W_{fl})}{d_c}\right]} \qquad (2.20)$$

$$n_V = 1 - \left[\frac{d_c(V_c + 0.20V_c\rho_c + V_{fl})}{(1+k_s)(W_c + W_{fl})}\right] = 1 - \left[\frac{d_cV_c(1+0.20\rho_c + s_v)}{(1+k_s)(W_c + W_{fl})}\right] = 1 - \left[\frac{d_cV_c(1+0.20\rho_c + s_v)}{(1+k_s)(1+s_w)\rho_c\rho_wV_c}\right]$$

联立式（2.16）～式（2.20）可得

$$n_V = 1 - \frac{d_c(1+0.20\rho_c + s_v)}{(1+k_s)(1+s_w)\rho_c\rho_w} \qquad (2.21)$$

将式（2.21）化为霍夫模型形式，可得磷石膏基材料的强度。

霍夫模型形式：

$$\sigma_y = \sigma_o(1-n_V)^b \qquad (2.22)$$

磷石膏基材料的抗压强度为

$$\sigma_P = \sigma_o\left[\frac{d_c(1+0.20\rho_c + s_v)}{(1+k_s)(1+s_w)\rho_c\rho_w}\right]^b \qquad (2.23)$$

式中：n_V 为理论体积比；d_c 为初始密度，kg/m^3；V_a 为反应气体体积，m^3；V_{ew} 为反应蒸发水体积，m^3；V_{nw} 为成分水体积，m^3；V_c 为水泥体积，m^3；V_w 为加入水体积，m^3；V_{fl} 为胶凝材料和激发剂体积和，m^3；V_t 为固结体体积，m^3；W_t 为固结体质量，kg；W_c 为水泥质量，kg；W_w 为水质量，kg；W_{fl} 为胶凝材料和激发剂质量和，kg；W_{nw} 为成分水质量，kg；k_s 为水灰比；s_w 为灰砂比；s_v 为灰砂体积比；ρ_c 为水泥密度，kg/m^3；ρ_w 为水密度，kg/m^3；σ_P 为抗压强度，MPa；σ_o 为初始抗压强度，MPa；D 为理论体积比时抗压强度的影响因子；σ_y 为霍夫模型公式抗压强度，MPa。

由式（2.23）可定量得出磷石膏基材料中抗压强度与胶凝材料、激发剂、水等各组成成分体积之间的数学关系，由于其变量均可直接测量得出，简化了强度因子模型。

2. 强度规律模型验证及分析

选取两种典型的磷石膏基材料体系来验证式（2.15）及式（2.23）的正确性和适用性。图 2.4 为所测 n_V 值的散点对比图，图 2.5 为磷石膏基材料体系抗压强度与 n_V 值的变化曲线图。

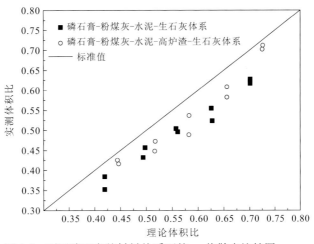

图 2.4　不同磷石膏基材料体系下的 n_V 值散点比较图

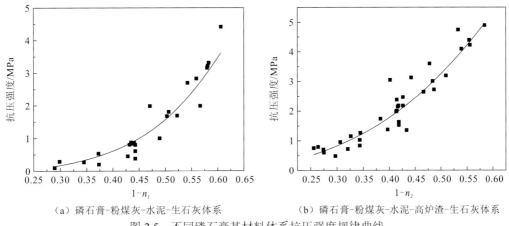

（a）磷石膏-粉煤灰-水泥-生石灰体系　　　　（b）磷石膏-粉煤灰-水泥-高炉渣-生石灰体系

图 2.5　不同磷石膏基材料体系抗压强度规律曲线

磷石膏基材料两大典型体系的强度规律公式为

$$\sigma_{P1}=149.54(1-n_1)^{3.987} \tag{2.24}$$

$$\sigma_{P2}=113.37(1-n_2)^{2.846} \tag{2.25}$$

式中：σ_{P1} 为磷石膏-粉煤灰-水泥-生石灰体系的抗压强度；n_1 为磷石膏-粉煤灰-水泥-生石灰体系的理论体积比；σ_{P2} 为磷石膏-粉煤灰-水泥-高炉渣-生石灰体系的抗压强度；n_2 为磷石膏-粉煤灰-水泥-高炉渣-生石灰体系的理论体积比。σ_o 值的变化范围为 $3.987\sim149.54$；b 值的变化范围为 $2.846\sim113.37$。

从图 2.4 和图 2.5 可知，磷石膏-粉煤灰-水泥-生石灰体系的强度规律曲线与 n_V 值的拟合程度优于磷石膏-粉煤灰-水泥-高炉渣-生石灰体系，同时其影响因子 b_1（3.987）也明显大于 b_2（2.846），这充分验证了高炉渣体系的磷石膏基充填体性能低于粉煤灰体系的磷石膏基充填体，同时也验证了强度因子模型中灰砂比的大小是影响充填体强度的主要因子之一。

2.4 本章小结

本章论述了条带开采理论知识和充填体强度设计。

运用两区约束理论及有效区域理论等相关理论，并结合类似工程实际，推导了磷矿条带充填开采胶结充填体强度的计算公式,供磷矿山企业在确定充填体强度时参照执行。

基于数学因子分析方法，通过对影响磷石膏基材料强度的 7 个宏观因素进行线性分析，构建了其强度因子模型，在此基础上，总结了磷石膏基材料强度与体积之间的数学关系，揭示了其强度变化规律，并通过试验验证了其强度规律的适用性。

第 3 章

充填材料的选择及其理化特性

3.1 充填材料的选择

3.1.1 充填骨料

磷矿山大多地处中高山区，可供选择的充填材料有限，基于控制充填成本的需要，需就地取材，选用来源广泛、成本低廉、物理化学性质稳定、无毒、无害、具备骨架作用的材料或工业固体废弃物作为充填骨料。

我国磷矿大部分属于中低品位的胶磷矿，磷矿资源需要先进行富集，采用重介质选矿粗选与浮选精选的联合选矿工艺，该工艺是现今公认的高效、绿色、经济的选矿方式，富集后将精矿进一步深加工成磷酸等产品，磷矿选矿加工流程见图3.1。磷矿选矿加工产生的固体废弃物主要有粗磷尾矿、尾泥、浮选尾砂、磷石膏及黄磷渣等。此外，矿山采矿过程还将产生废石。上述固体废弃物的处理需要在山区建设废石坝和尾矿库，这样不仅需要征用大面积的土地，破坏生态环境，而且有可能诱发泥石流等地质灾害。

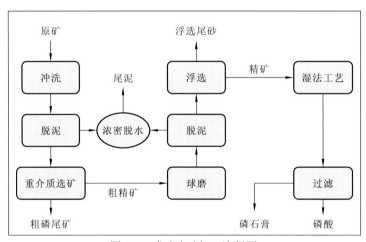

图 3.1 磷矿选矿加工流程图

磷矿山采用充填采矿法，充填骨料宜从废石、粗磷尾矿、尾泥、浮选尾砂、磷石膏以及黄磷渣等工业固体废物选取。

1. 废石

废石是矿山生产过程中产生的一大类固体废弃物，主要有井下掘进废石、回采剔除废石及露采剥离废石。露天开采废石产出率高，地下开采废石产出率较低。一般条件下的地下开采，其废石产出量约为采出矿石量的10%，故井下采掘废石只能作为充填料来源之一，不能完全满足充填要求。目前，大多数矿山对废石的处置方式是直接就近回填采空区，也有通过破碎或棒磨处理废石的矿山，而破碎粒径有-25 mm、-33 mm、-75 mm等，棒磨废石粒径一般为-5 mm、-3 mm，具体采用破碎或棒磨处理方式需根据矿山实际情况而定。以废石为充填骨料进行胶结充填的应用情况见表3.1。

表 3.1 废石胶结充填的应用情况

研究团队	单位	主要材料	配比及材料性能	应用矿山
胡顺发（2016）	中蓝连海设计研究院有限公司	废石、水泥、粉煤灰	配比：废石∶水泥∶粉煤灰∶水＝2 100∶165∶165∶1 030	贵州某磷矿
刘超等（2015）	北京科技大学	废石、水泥	配比：水泥掺量为9%，质量分数为75% 性能：扩散度为112～120 cm，28 d单轴抗压强度为1.1～1.5 MPa	埃尔拉多金矿
张修香和乔登攀（2015）	昆明理工大学	废石、尾砂、水泥	配比：废石∶尾砂＝7∶3，水灰比为1.527～1.899，质量分数为80%～85%，灰砂比为0.131～0.152 性能：3 d单轴抗压强度为1.005～1.834 MPa，7 d单轴抗压强度为1.511～2.573 MPa，28 d单轴抗压强度为3.242～4.533 MPa	云南某铜矿
王彦英（2015）	中蓝连海设计研究院有限公司	废石、水泥	配比：水泥∶废石＝240∶1 100，充填料质量分数为79%	清平磷矿
罗根平和乔登攀（2015）	昆明理工大学	废石、尾砂、水泥	配比：废尾比为1∶4，质量分数为82%，水泥量为275.29 kg/m³ 性能：屈服应力为8.408 Pa，黏度为1.741 Pa·s	—
邓代强（2014）	长沙矿山研究院有限责任公司	戈壁集料、尾砂、水泥	配比：灰砂比为0.125～0.333，质量分数为75% 性能：28 d单轴抗压强度为1.027～3.83 MPa	阿舍勒铜矿
官在平等（2014）	湖北兴发化工集团股份有限公司	废石、尾砂、水泥	配比：质量分数为82%，砂灰比为4 性能：坍落度为23.8 cm，28 d单轴抗压强度为6.4 MPa	兴隆磷矿
易先良等（2014）	贵州瓮福（集团）有限责任公司	废石、粉煤灰、水泥	配比：砂灰比为6.4～6.8，水灰比为1.2～1.3，质量分数为85%～87%	瓮福磷矿
李公成等（2013）	北京科技大学	戈壁集料、尾砂、水泥	配比：假底的质量分数为77%～78%，尾砂与戈壁集料比为2.5～3.5，灰砂比为0.16～0.17，泵送剂质量分数为1.5%～2%；打顶的质量分数为77%～78%，尾砂与戈壁集料比为3～4，灰砂比为0.09～0.11，泵送剂质量分数为1.5%～2%	—
姚银佩（2013）	湖南有色冶金劳动保护研究院	废石、黄泥、水泥	配比：人工混凝土假底和胶面配比为废石∶水泥∶黄泥＝1 000∶100∶32；采场配比为废石∶水泥∶黄泥＝1 000∶50∶64 性能：人工混凝土假底和胶面的30 d单轴抗压强度为5.4 MPa；采场的30 d单轴抗压强度为2.05 MPa	宝山矿
刘永等（2013）	南华大学	废石、黄土、水泥	配比：废石∶水泥∶黄土∶水＝1 000∶100∶32∶184 性能：3 d、7 d、14 d 和 28 d单轴抗压强度分别为1.5 MPa、1.95 MPa、2.65 MPa 和 4.85 MPa	宝山矿

由表 3.1 可知，将废石作为充填骨料进行胶结充填时，因废石粒径粗，一般采用破碎的方式或者添加细骨料（尾砂、粉煤灰）的方式改善骨料级配。

2. 磷石膏

磷石膏是化工厂将磷灰石与硫酸作用，采用湿法生产磷酸时产生的工业废料。每生产 1 t 磷酸就要产生 5 t 磷石膏。在化学石膏中磷石膏的排放量大，我国磷石膏年产量约为 2 000 万 t，居世界第三，并以每年 15% 的速度递增。目前世界上磷石膏每年的排放量达 1.1 亿～1.3 亿 t，仅有 460 万～470 万 t 可以得到回收利用，利用率很低。产生磷石膏的反应式为

$$Ca_5(PO_4)_3F(磷矿) + 5H_2SO_4 \longrightarrow 3H_3PO_4 + 5CaSO_4 \cdot mH_2O(磷石膏) + HF \uparrow$$

在不同的反应温度、浓度和时间条件下，磷石膏的主要成分可为二水石膏、半水石膏或无水石膏，即 $CaSO_4 \cdot mH_2O$ 中的结晶水数量 m 可为 2、1/2 或 0。一般而言，磷石膏的主要成分 $CaSO_4 \cdot 2H_2O$ 的含量为 80%～98%，由于磷石膏中含有未反应的 H_2SO_4 和残留的 H_3PO_4 或 HF，故其呈酸性，pH 在 2～6。磷石膏一般为灰白、黑灰、浅灰、黄白或浅黄色的细粉状固体，黏性较大，刚生产出来的磷石膏水分含量较高，为 20%～40%，有刺激性气味，存放几年后的磷石膏性能较稳定，呈硬块状。

磷石膏微观形貌呈长柱状、针棒状，其形貌与颗粒大小有关，其长短轴尺寸比为 3∶1～10∶1。从磷石膏的微观结构特征来看，磷石膏晶体大多是斜方柱晶类，晶体构造为单斜晶系。晶体主要以单分散板柱状的形态存在，偶见双晶。单体形态以粒度比较大的平行四边形晶体为主，其次是粒度较小的菱形晶体，六边形和五边形晶体则比较少见。随着磷石膏粒径的增加，其晶形由柱状晶变为片状晶，再成为簇状晶。

磷石膏中含有大量的 $CaSO_4 \cdot 2H_2O$ 及 P、F 等杂质，影响了磷石膏的性能，极大地制约了它的应用领域。在充填采矿领域，国内外学者对磷石膏基充填材料展开了一系列研究，取得了显著成果，见表 3.2。

表 3.2 磷石膏胶结充填研究进展

研究团队	单位	主要材料	配比及材料性能	应用矿山
李国栋等（2015）	内蒙古科技大学	磷石膏、矿渣、生石灰、氢氧化钠、芒硝、棒磨砂	配比：胶砂比为 0.25，料浆质量分数为 80% 性能：3 d、7 d 和 28 d 单轴抗压强度为 2.17 MPa、4.35 MPa、8.97 MPa	金川镍矿
候姣姣（2014）	中国地质大学（武汉）	磷石膏、粉煤灰、磷矿渣、水泥、生石灰、外加剂	配比：磷石膏占 70%～75%，粉煤灰占 8%～12.5%，磷矿渣 8.82%，水泥占 9.37%，生石灰及微量外加剂占 3% 性能：28 d 单轴抗压强度为 2.1～4.8 MPa	大峪口磷矿
刘晨等（2013）	中国建筑材料科学研究总院有限公司	磷石膏、矿渣、钢渣、水泥料、聚羧酸减水剂	配比：磷石膏 67%、矿渣 20%、钢渣 13%、聚羧酸减水剂占 0.2%，质量分数为 66%～69%，或者磷石膏占 86%、矿渣占 9%、水泥熟料占 5% 性能：7 d 单轴抗压强度超过 2 MPa	—

续表

研究团队	单位	主要材料	配比及材料性能	应用矿山
高洁和 赵国彦 （2012）	中南大学	磷石膏、水泥、黏土、氧化钙、氯化钙、早强剂	配比：黏土∶水泥∶磷石膏 = 1∶1∶6，料浆质量分数为 53%，氧化钙占 6%，氯化钙占 1% 性能：7 d、14 d 和 28 d 单轴抗压强度分别为 0.20 MPa、0.35 MPa、0.63 MPa	—
刘志祥等 （2011）	中南大学	磷石膏、水泥、粉煤灰	配比：水泥∶粉煤灰∶磷石膏 = 1∶1∶6，料浆质量分数为 63% 性能：7 d、14 d、28 d、90 d 单轴抗压强度分别为 0.61 MPa、0.93 MPa、1.31 MPa、2.49 MPa	开磷集团磷矿
龙秀才 和陈发吉 （2011）	贵州开磷（集团）有限责任公司	磷石膏、黏土、水泥、生石灰、氯化钙	配比：黏土∶水泥∶磷石膏 = 1∶1∶6，料浆质量分数为 55%，生石灰占 2%，氯化钙占 1%	开磷集团磷矿
杜绍伦 和刘志祥 （2010）	贵州开磷（集团）有限责任公司、中南大学	磷石膏、粉煤灰、水泥	配比：磷石膏∶水泥∶粉煤灰 = 6~8∶1∶1，料浆质量分数为 60%~63% 性能：28 d 单轴抗压强度为 1.24~2.59 MPa，泌水率为 0.82%~4.2%	开磷集团磷矿
Garg 等 （2011）	Central Building Research Institute，India	磷石膏、水泥、滑石粉	配比：磷石膏占 5%，滑石粉 45%，水泥占 55% 性能：28 d、78 d 单轴抗压强度分别为 16.2 MPa、10.7 MPa，保水率为 66.5%	—
Siva 等 （2010）	Chaitanya Bharathi Institute of Technology，India	磷石膏、水泥、粗细骨料	配比：水灰比为 0.4~0.65，磷石膏占 10%~30% 性能：28 d 单轴抗压强度为 10~35 MPa	—
Kumar （2002）	Harcourt Butler Technological Institute，India	煅烧磷石膏、粉煤灰、生石灰	配比：粉煤灰占 40%，生石灰占 30%，煅烧磷石膏占 30% 性能：120 d 单轴抗压强度为 4.11 MPa，吸水率为 21.6%	—
Singh 和 Garg （2000）	The University of Melbourne，Australia	磷石膏、Na_2SO_4、$CaCl_2$、粉煤灰、玻璃纤维、赤泥	性能：28 d 单轴抗压强度为 30~40 MPa，抗折强度为 11~15 MPa，吸水率为 2%~3.5%，耐水性为 2~4 mm	—

　　磷石膏不是理想的充填骨料，若用于充填，需要在物理化学性质上进行改进，使充填参数满足采矿工艺需要。

3. 全尾砂和分级尾砂

　　尾砂是选矿后产生的固体废弃物，据不完全统计，尾砂年排放量超过 15 亿 t，占总工业固废排放量的40%以上。目前，尾砂的利用率较低，大部分堆放在尾矿库或地表堆场，其所含有的有毒元素直接污染环境，而且干燥后的细颗粒尾砂还会造成大气污染，对人体的危害极大。因此，尾砂的有效处置是目前各大矿山亟待解决的关键问题之一。

将尾砂作为矿山充填料，对充填体产生影响的主要因素是其粒度组成及矿物组分的化学性质。不同矿山的尾砂，这些性能指标都有所不同。尤其是对于不同的矿石类型，其差别相当大。为了适应不同充填工艺的要求，常按照37 μm或74 μm的界限对全尾砂进行分级（王新民，2005）。目前，全尾砂或分级尾砂胶结充填取得的进展见表3.3。

表3.3 尾砂胶结充填研究进展

研究团队	单位	主要材料	配比及材料性能	应用矿山
游化等（2015）	北京科技大学	全尾砂、生石灰、石膏、水淬渣	配比：胶砂比为0.167，料浆质量分数为66% 性能：7 d和28 d单轴抗压强度分别为2.13 MPa、5.54 MPa	东凯铁矿
李群等（2015）	华北理工大学	全尾砂、水泥	配比：灰砂比为0.125，料浆质量分数为75%。 性能：坍落度为24.5 cm，3 d单轴抗压强度为0.42 MPa	—
李瑞龙等（2015）	西安建筑科技大学	全尾砂、矿渣、半水石膏、脱硫石膏、生石灰、水泥、萘系高效减水剂	配比：灰砂比为0.10，料浆质量分数为72%，矿渣占60%，水泥占15%，半水石膏和脱硫石膏占10%，生石灰占5% 性能：初始流动度为173 mm，1 h流动性损失为14 mm，3d和28 d单轴抗压强度分别为0.75 MPa、2.92 MPa	焦家金矿
薛改利等（2014）	北京科技大学	全尾砂、生石灰、半水石膏、Na_2SO_4、NaCl、$CaCl_2$	配比：胶砂比为0.125，料浆质量分数为73%，生石灰占6%，半水石膏占16%，Na_2SO_4占1.5%，NaCl占0.6%，$CaCl_2$占0.6% 性能：28 d单轴抗压强度为3.024 MPa	南洺河铁矿
史采星等（2014）	北京矿业研究总院	全尾砂、水泥、减水剂	配比：灰砂比为0.167，料浆质量分数为66%，减水剂占2.5% 性能：7 d和28 d单轴抗压强度分别为0.47 MPa、1.11 MPa	—
魏微等（2013）	北京科技大学	全尾砂、水淬高炉渣、石灰、脱硫石膏、外加剂	配比：胶砂比为0.125，料浆质量分数为68%，石灰：脱硫石膏：外加剂：水淬高炉渣 = 4%：17.5%：0.5%：78% 性能：28 d单轴抗压强度为3.09 MPa	—

由于全尾砂中含有大量的细泥，当采用水泥胶凝剂进行充填时，全尾砂胶结充填体强度偏低。为了提高充填体强度，常采用添加外加剂的方式。此外，为了降低充填成本，新型胶凝材料得以开发，与传统水泥基胶凝材料相比，新型胶凝材料不仅强度高，而且成本低，具有较高的性价比。

磷矿尾砂是磷矿浮选排除的尾砂，通常生产1 t磷精矿会产生0.44 t尾矿，每年约产生 700 万 t 磷矿尾砂。磷矿尾砂外观为亮晶晶的黄土色,密度为 2.7~2.9 t/m³,小于 0.15 mm 的颗粒占 85%,见图 3.2。磷矿尾砂的主要矿物为硅灰石和少量的枪晶石、磷灰石。磷矿尾砂与其他矿渣相比有如下特点:SiO_2 含量较低,CaO、MgO 含量较高,还含有 Fe_2O_3、MnO 等成分。由于磷矿尾砂利用比较困难,目前我国磷矿尾砂的综合利用率仅为 7%。

图 3.2 磷矿尾砂

现有的利用尾砂进行充填的矿山大多为金属矿山,磷矿山利用尾砂进行充填的很少。目前,磷矿尾砂胶结充填取得的进展见表 3.4。

表 3.4 磷矿尾砂胶结充填应用情况

研究团队	单位	主要材料	配比及材料性能	应用矿山
姜金洁等 (2016)	武汉理工大学	水泥(PC32.5)、磷石膏、尾砂、选厂尾砂	配比:磷石膏:尾砂 =1:0.4,灰砂比为 0.10~0.25,料浆质量分数为 75%	黄麦岭磷矿
李博 (2016)	武汉工程大学	尾砂、煤矸石、废石、工业废渣	配比:水泥:尾砂 =0.167:1,料浆质量分数 78%	楚磷磷矿
薛希龙 (2012)	中南大学	尾砂、炉渣、水泥	配比:灰砂比为 0.25,料浆质量分数为 75% 性能:7 d、28 d 单轴抗压强度分别为 1.12 MPa、2.72 MPa	黄梅磷矿
张倓等 (2018)	中国地质大学(武汉)	磷尾矿、尾砂、尾泥、水泥(PC42.5)、试验用水	配比:尾砂:尾泥 =3:1,料浆质量分数为 85%,水泥占比为 7%	挑水河磷矿
胡泽图 (2018)	武汉工程大学	水泥(PC32.5)、尾砂、粉煤灰、水	配比:灰砂比为 0.25,料浆质量分数为 68% 性能:坍落度为 190 mm	后坪磷矿
陈琴 (2016)	贵州大学	磷尾砂、水泥、粉煤灰	配比:水泥:粉煤灰:磷尾砂 =1:2:6,料浆质量分数 72.5% 性能:28 d 单轴抗压强度为 2.96 MPa,坍落度为 142 mm	—
李洪波 (2016)	中蓝连海设计研究院有限公司	尾砂、水泥	配比:灰砂比为 0.10,料浆质量分数为 70%	江西某磷矿

4. 磷尾矿

磷尾矿是磷矿经过重介质选矿后产生的固体废弃物，磷尾矿产出率约为 60%。为了提高磷精矿回收率，一般将原矿粒度控制在 0.5～15 mm。磷尾矿自然级配差（图 3.3），不宜直接用于充填骨料。相关学者对磷尾矿充填材料展开了一系列研究，见表 3.5。

图 3.3　磷尾矿

表 3.5　磷尾矿胶结充填应用情况

研究团队	单位	主要材料	配比及材料性能	应用矿山
陈博文等（2015）	中国地质大学（武汉）	磷尾矿＋水泥；磷尾矿＋水泥＋粉煤灰	配比：灰砂比为 0.25，料浆质量分数为 83%；灰砂比为 0.25，料浆质量分数为 80%，粉煤灰∶水泥 ＝ 1∶1	挑水河磷矿
刘文哲（2017）	武汉工程大学	磷尾矿、水泥、粉煤灰、生石膏、石灰	配比：水灰比为 0.7，灰砂比为 0.143，粉煤灰掺量为 16%，生石膏掺量为 11%，石灰掺量为 3% 性能：坍落度为 212 mm，3 d、7 d、28 d 单轴抗压强度分别为 5.1 MPa、8.3 MPa、11.4 MPa	—
张文龙等（2018）	中国地质大学（武汉）	磷尾矿、水泥、粉煤灰、泵送剂	配比：胶砂比为 0.20，水泥∶粉煤灰 ＝ 5∶5，泵送剂占 1%，料浆质量分数为 86%	挑水河磷矿
李延杰等（2017a）	中国地质大学（武汉）	磷尾矿、粉煤灰、水泥（PC42.5）	配比：水泥∶粉煤灰∶磷尾矿∶水 ＝ 1.5∶1.7∶15∶3.06 性能：3 d、7 d、28 d 单轴抗压强度为 1.610 MPa、2.381 MPa、5.122 MPa	挑水河磷矿

5. 尾泥

磷矿重介质选矿及浮选过程中脱泥工艺产生尾泥，产出率约为 8%。尾泥的矿物成分主要为石英、白云石、羟基磷灰石、高岭石和黄铁矿等，其矿物成分中无玻璃相矿物，不具备火山灰活性，在现今市场上没有利用价值，如排放可能会对环境造成污染。鉴于尾泥细度小，密实度较差的特点（图 3.4），中国地质大学（武汉）梅甫定团队（叶峰 等，

2018）开展了尾泥应用于磷矿充填方面的研究，研究表明：尾泥质量分数对充填料浆的流动性、稳定性、力学性能有显著影响；流动性随尾泥质量分数的增大先提高后降低；稳定性随尾泥质量分数的增大而增大；单轴抗压强度随尾泥质量分数的增大先增大后缓慢下降（图 3.5）。当充填料浆质量分数为 85%，水泥质量分数为 7% 时，综合考虑流动性、稳定性、强度的影响效果，尾泥的最优掺量范围为 25%～35%。

图 3.4 尾泥

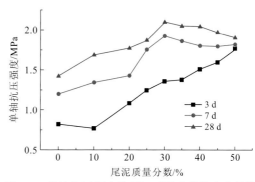

图 3.5 单轴抗压强度随尾泥质量分数的变化趋势

将尾泥应用于磷矿山充填的示范意义体现在：丰富了磷矿山充填材料；实现了磷矿山工业固体废弃物的零排放。

6. 黄磷渣

黄磷渣是磷化工生产黄磷产生的工业固体废弃物，一般生产 1 t 黄磷会排放 8～10 t 黄磷渣。目前，露天堆放是黄磷渣主要的处置方式，因此，其利用率较低，而经过雨水淋洗后，黄磷渣中的 P、F 等有毒有害元素溶出并渗入土壤或水源，对生态环境和人类健康造成严重的危害。为此，黄磷渣的有效开发利用显得必要而重要。

目前，国内外对黄磷渣的开发应用展开了大量的研究和工业化试验，但受其较为复杂的化学杂质成分，较差的活性及开发应用技术、成本、市场等因素的影响，黄磷渣的开发应用存在一定的难度。为有效处置黄磷渣，国内外研究人员对高效利用黄磷渣，进行胶结充填采矿，展开了大量的研究，取得了一定的成果，见表 3.6。

表 3.6 黄磷渣胶结充填研究进展

研究团队	单位	主要材料	配比及材料性能	应用矿山
廖国燕等（2010）	中南大学	黄磷渣、磷石膏、生石灰、氢氧化钠	配比：黄磷渣：磷石膏＝1：1，料浆质量分数为 65%，生石灰占 8%，氢氧化钠占 5% 性能：7 d、14 d、28 d 单轴抗压强度分别为 0.043 MPa、1.45 MPa、4.62 MPa（氢氧化钠占 5% 时），0.2 MPa、1.04 MPa、2.88 MPa（生石灰占 8% 时）	开磷集团磷矿

研究团队	单位	主要材料	配比及材料性能	应用矿山
姚志全 （2009）	中南大学	黄磷渣、磷石膏、石灰、水泥	配比：黄磷渣∶磷石膏 = 1∶4，石灰占 5%（黄磷渣含量），料浆质量分数为 57%（嗣后充填或分层充填）；水泥∶黄磷渣∶磷石膏 = 1∶4∶5，石灰占 5%（黄磷渣含量），质量分数为 60%（浇面充填） 性能：7 d、28 d 单轴抗压强度分别为 0.25 MPa、0.87 MPa（嗣后充填或分层充填时），0.38 MPa、3.22 MPa（浇面充填时）	开磷集团磷矿
刘芳 （2009）	重庆大学	磷渣、磷石膏、碱性激发剂、减水剂	配比：磷渣占 30%～40%，磷石膏占 55%～65%，碱性激发剂占 5%，减水剂占 3%，质量分数为 63%～69% 性能：7 d、28 d 单轴抗压强度分别为 0.3～0.48 MPa、0.68～1.07 MPa	开磷集团磷矿
Ali and Mostafa （2013）	Iran University of Science and Technology	磷渣、激发剂、水泥	配比：80%磷渣，14%水泥，6%激发剂 性能：28 d 单轴抗压强度为 0.93 MPa	—
候姣姣 （2014）	中国地质大学（武汉）	黄磷渣、磷石膏、粉煤灰、生石灰、水泥、外加剂	配比：磷石膏占 70%～75%，粉煤灰占 8%～12.5%，黄磷渣占 8.82%，水泥占 9.37%，生石灰及外加剂占 3% 性能：28 d 单轴抗压强度为 2.1～4.8 MPa	大峪口磷矿

由表 3.6 可知，黄磷渣在胶结充填领域的利用率较低，其主要用于制备水泥、陶瓷、微晶玻璃等。在胶凝体系中，以黄磷渣和水泥为组分的比较少见，而绝大部分需添加碱性激发剂，其主要目的是激发黄磷渣潜在的活性，提高胶凝材料的性能。

3.1.2 胶凝材料

国内外应用最广泛的充填胶凝材料为硅酸盐水泥，此外还有一些水泥替代材料如炉渣、粉煤灰等。

1. 水泥

矿山充填所用水泥一般有三种，即普通硅酸盐水泥、矿渣水泥、复合硅酸盐水泥。其中，普通硅酸盐水泥的密度为 3.0～3.15 g/cm^3。矿渣水泥的密度为 2.85～3.0 g/cm^3。复合硅酸盐水泥的密度为 2.93～2.97 g/m^3。水泥的细度通常与水泥标号有关，普通水泥的细度为 3 000～3 500 cm^2/g，而高标号水泥的细度则为 4 000～6 000 cm^2/g。

水泥中对强度贡献较大的成分有 C_3S、C_2S、C_3A、C_4AF 等，其中，C_3S 含量一般为

50%左右，C_2S 含量一般为 20%左右。其他成分有 CaO、Fe_2O_3、Al_2O_3 等。水泥的水化作用包括三个阶段，即化合物溶解于水、产生水化产物、水化产物析出。

水泥水化反应的方程式（向才旺 等，1994）为

$$2(3CaO \cdot SiO_2) + 6H_2O = 3CaO \cdot 2SiO_2 \cdot 3H_2O + 3Ca(OH)_2 \qquad (3.1)$$

$$2(2CaO \cdot SiO_2) + 4H_2O = 3CaO \cdot 2SiO_2 \cdot 3H_2O + Ca(OH)_2 \qquad (3.2)$$

$$3CaO \cdot Al_2O_3 + 6(CaSO_4 \cdot 2H_2O) + 6H_2O = 3CaO \cdot Al_2O_3 \cdot 6H_2O \qquad (3.3)$$

$$4CaO \cdot Al_2O_3 \cdot Fe_2O_3 + 7H_2O = 3CaO \cdot Al_2O_3 \cdot 6H_2O + CaO \cdot Fe_2O_3 \cdot H_2O \quad (3.4)$$

$$3CaO \cdot Al_2O_3 \cdot Fe_2O_3 + 3(CaSO_4 \cdot 2H_2O) + 19H_2O = 3CaO \cdot (Al_2O_3 \cdot Fe_2O_3) \cdot 3CaSO_4 \cdot 31H_2O$$
$$(3.5)$$

2. 粉煤灰

粉煤灰是从燃烧煤粉的锅炉中排出的一种粉末状固体废弃物。据不完全统计，截至 2015 年底，我国发电装机容量达到 150 673 万 kW，其中煤电 88 419 万 kW，占 58.68%，全年粉煤灰产量近 6.2 亿 t，而粉煤灰消纳能力有限，利用率较低，大量堆积的粉煤灰不仅占用大量土地，而且会造成水源和大气的污染（古德生和胡家国，2002）。

粉煤灰具有火山灰特性，但其胶凝性能需要通过物理或者化学手段激发。粉煤灰一般呈现三种微观形貌，即球形颗粒、多孔碳颗粒及不规则的熔融颗粒，其中，活性最高的形貌是球形颗粒，而多孔碳颗粒对胶凝体系有害。粉煤灰化学成分中，起活性作用的成分主要有 SiO_2、Al_2O_3、Fe_2O_3 和 CaO，其中 SiO_2、Al_2O_3 含量较高，而 Fe_2O_3 和 CaO 含量一般较低。另外，在煤粉燃烧过程中，其中的 CaO 可与 SiO_2、Al_2O_3 反应生成可水化、硬化的 SA 和 CA，两者能增强粉煤灰的活性：粉煤灰中的主要化学成分一般呈玻璃相，具有较大的化学活性，但这种活性是潜在的，需在激发剂的作用下生成 C-S-H 凝胶、CA、AFt 等水化产物以增强硬化体的强度。

由于粉煤灰具有火山灰特性及潜在的胶凝性能，且价格低廉，其常常作为水泥替代品被广泛地应用于矿山充填。目前，利用粉煤灰进行胶结充填的应用情况见表 3.7。

表 3.7　粉煤灰胶结充填研究进展

研究团队	单位	主要材料	配比及材料性能	应用矿山
李茂辉（2015）	北京科技大学	粉煤灰、矿渣、水泥、生石灰、棒磨砂、芒硝、亚硫酸钠	配比：胶砂比为 0.25，料浆质量分数为 78%，粉煤灰替代 20%的水泥或 20%的矿渣 性能：3 d、7 d、28 d 单轴抗压强度分别为 0.54 MPa、4.12 MPa、6.09 MPa	金川矿山
王晓东（2015）	中煤科工集团西安研究院有限公司	粉煤灰、黄土、水泥、风积沙	—	—
陈杰等（2014）	北京科技大学	粉煤灰、全尾砂、石灰、脱硫石膏	配比：胶砂比为 0.25，水胶比为 1，粉煤灰占 75%，脱硫石膏占 10%，石灰占 15% 性能：60 d、90 d 单轴抗压强度分别为 6.06 MPa、11.35 MPa	—

研究团队	单位	主要材料	配比及材料性能	应用矿山
陈贤树和杨春保（2014）	中国新型建材设计研究院有限公司	粉煤灰、矿渣、水泥、石膏、石灰石、激发剂	配比：水泥占 18%～20%，矿渣占 30%～36%，粉煤灰占 40%～45%，石灰石占 5%，激发剂占 1%～2%	—
汪涛等（2014）	中国矿业大学（北京）	粉煤灰、煤矸石、水泥	—	—
孙成佳（2013）	山东黄金矿业股份有限公司	尾砂、粉煤灰、胶结材料	配比：人工假顶的胶结材料：粉煤灰：尾砂＝1：0：15，料浆质量分数为 68%；采场的胶结材料：粉煤灰：尾砂＝1：1：15，料浆质量分数为 72% 性能：人工假顶的 7 d、28 d 单轴抗压强度分别为 1.86 MPa、1.94 MPa；采场的 7 d、28 d 单轴抗压强度分别为 0.98 MPa、1.09 MPa	焦家金矿

3. 矿渣

矿渣是在冶炼铁过程中形成的一种固体废弃物，其主要成分为 SiO_2、Al_2O_3、CaO、MgO、Fe_2O_3 等，这些主要化学成分一般以玻璃相存在，占 80%～90%，此外，还有其他结晶矿物，如 C_2S、C_2AS、C_2MS_2 等。

根据矿渣主要化学成分，可将其按碱性系数或质量系数进行分类，即

$$M_M = \frac{CaO + MgO}{SiO_2 + Al_2O_3}$$ （3.6）

$$K_M = \frac{CaO + MgO + Al_2O_3}{SiO_2 + MnO_2 + TiO_2}$$ （3.7）

式中：M_M 为碱性系数，$M_M > 1$ 时为碱性矿渣，$M_M = 1$ 时为中性矿渣，$M_M < 1$ 时为酸性矿渣；K_M 为质量系数，该值越大矿渣质量越好。

目前，矿渣应用于胶结充填的研究进展见表 3.8。由表 3.8 可知，为了激发矿渣的胶凝活性，常需利用机械研磨等物理方式，或者石灰等化学激发方式，以此获得的胶结充填体的抗压强度较高。

表 3.8　矿渣胶结充填研究进展

研究团队	单位	主要材料	配比及材料性能	应用矿山
周旭和杨陆海（2015）	陕西煎茶岭镍业有限公司	水泥、矿渣粉、砂	配比：矿渣粉：水泥＝3：7，料浆质量分数为 79% 性能：坍落度为 28.7 cm，28 d 单轴抗压强度为 6.8 MPa	煎茶岭镍矿

研究团队	单位	主要材料	配比及材料性能	应用矿山
张光存等 （2015）	北京科技大学	生石灰、磷石膏、NaOH、芒硝、矿渣	配比：生石灰占 5%，磷石膏占 25%，NaOH 占 2%，芒硝占 2.5%，矿渣占 65.5% 性能：3 d、7 d、28 d 单轴抗压强度分别为 1.85 MPa、3.06 MPa、8.69 MPa	金川镍矿
谷岩等 （2014）	河北联合大学	高炉矿渣粉、全尾砂	配比：顶底板的灰砂比为 0.20，料浆质量分数为 72%；矿房的灰砂比为 0.10，料浆质量分数为 72%	—
杨春保等 （2013）	合肥水泥研究设计院有限公司	石渣、矿渣、熟料、石膏、激发剂	配比：灰砂比为 0.167，料浆质量分数为 70%，石渣占 36%，矿渣占 30%，熟料占 26%，石膏占 5%，激发剂占 3% 性能：坍落度为 281 mm，扩展度为 156 mm，3 d 和 28 d 单轴抗压强度分别为 1.15 MPa、3.9 MPa	—
赵鹏凯等 （2013）	山东科技大学	矿渣、石灰、硬石膏、氯化钙	配比：矿渣、石灰、硬石膏、氯化钙的占比分别为 76.23%、10.4%、2.37%、1%	—

3.1.3　外加剂

随着充填采矿法的广泛使用，为了提高充填体质量，扩展功能，简化、改善工艺，提高效率，降低投资和成本，充填体外加剂同样进入迅速发展的时代。外加剂按用途来分，可分为减水剂，包括普通减水剂、高效减水剂、早强减水剂、缓凝减水剂及引气减水剂，主要用于混凝土及砂浆流；早强剂，可加速混凝土及砂浆早期强度的发展，降低水泥用量，缩短养护时间；缓凝剂，可延缓混凝土初（终）凝时间，延续混凝土拌合物要求的技术性能；速凝剂，能使混凝土或砂浆迅速凝结。此外，还有引气剂、膨胀剂、泵送剂、絮凝剂、密实剂等，以及诸多含一种以上主要功能的复合外加剂。

1. 减水剂

减水剂具有以下功能：在不降低水泥用水量的条件下，改善料浆和易性；在保持一定和易性的条件下，降低水泥用水量，并增强硬化体强度；在保持一定强度的条件下，降低每立方米料浆的水泥用量，以节省水泥；改善料浆可泵性和硬化体力学性能。

1）减水剂的类型

（1）木质素磺酸盐类。其主要成分为木质素磺酸盐，通过从生产纸浆的废料中提取各种木质素衍生物而成，木质衍生物有木质素磺酸钙、钠、镁等，此外还有碱木素。

（2）多环芳香族磺酸盐类。其主要成分为芳香族磺酸盐甲醛缩合物，原是煤焦油中各馏分，经硫化、缩合而成。

（3）糖蜜类。其以制糖副产品为原料，利用碱中和而成。

（4）腐殖酸类。其以草炭、泥煤或褐煤为原料，用水洗碱溶液、蒸发浓缩、磺化、喷雾干燥而成，主要成分为腐殖酸钠。

（5）聚羧酸类。聚羧酸系减水剂是目前应用前景最好、综合性能最优的一种高效减水剂。高贺然等（2018）对比分析磷尾砂基充填料浆分别添加聚羧酸系减水剂和萘系减水剂的效果后认为：萘系减水剂的较优添加量为 8%，聚羧酸系减水剂的较优添加量为1.2%，此时料浆流动性能各方面都能达到较理想的效果；两者相比，聚羧酸系减水剂的效果更好。

（6）水溶性树脂类。其由三聚氰胺经磺化缩合而成，又称密胺树脂。

（7）复合减水剂。复合减水剂是与其他外加剂复合的减水剂，如早强减水剂、缓凝减水剂和引气减水剂等。

2）减水剂作用机理

对于减水剂作用机理，目前主要有以下两种理论，即静电斥力理论和空间位阻效应理论。

（1）静电斥力理论。在水化初期，水泥颗粒表面带有正电荷（Ca^{2+}），而减水剂分子中存在负离子，这些负离子吸附在水泥颗粒上形成吸附双电层（ξ 电位），在这种作用下水泥颗粒相互排斥并阻止颗粒的凝聚。对于减水效果，其评价指标是ξ电位，该值的绝对值越大，减水效果越好。该理论主要适用于目前常用的减水剂系统，如萘系、三聚氰胺系及改性木钙系等。

（2）空间位阻效应理论。其主要适用于新一代高效减水剂，即聚羧酸盐系减水剂。这类减水剂有别于传统减水剂，其结构呈梳形，主链和侧链上均带有活性基团，但主链上的活性基团的极性较强。

2. 早强剂

早强剂是一种加快拌合物早期强度发展的外加剂，具有缩短养护工期等作用，其作用机理在于：通过加快水泥水化速度及其水化产物的结晶和沉淀以加快拌合物早期强度的发展。目前，早强剂可分为以下几类。

1）无机盐早强剂

无机盐早强剂类系列有氯化物系列和硫酸系列。氯化物系列有氯化钠、氯化钙、氯化钾、氯化铝等；硫酸系列有硫酸钠、硫酸钙、硫酸铝钾等。

2）有机盐早强剂

有机盐早强剂类系列包括三乙醇胺、三异丙醇胺、乙酸钠、甲酸钙等。

3）复合早强剂

复合早强剂是将有机早强剂和无机早强剂复合使用或将早强剂与其他外加剂复合使用，其一般比单组分的效果好。

3. 缓凝剂

缓凝剂是一种通过推迟水化反应而达到延长拌合物凝结时间的外加剂，这种外加剂能长时间保持拌合物的塑性，且不会对硬化体性能造成不良影响。缓凝剂按化学成分可分为两大类：一类是无机缓凝剂，包括磷酸盐、锌盐、硫酸铁、硫酸铜、硼酸盐、氟硅酸盐等；另一类是有机缓凝剂，包括木质素磺酸盐、羟基羟酸及其盐、多元醇及其衍生物、糖类及碳水化合物等。

对于无机缓凝剂，其与水泥反应生成钙矾石等复盐，沉淀于水泥颗粒表面而起到抑制水泥水化的作用。对于有机缓凝剂，其作用机理较复杂，一般有以下几种解释：①缓凝剂在固液界面产生吸附作用，这种吸附作用使固体颗粒表面的性质得以改变；②缓凝剂分子中的亲水基团吸附大量的水分子，而后形成的水膜层使晶体屏蔽；③缓凝剂分子中的官能团与 Ca^{2+} 反应生成难溶的钙盐，这种钙盐附着在矿物颗粒的表面，使水泥的水化反应得到抑制。

4. 引气剂

引气剂是通过引入大量均匀、稳定的微气泡来改善拌合物工作性能的外加剂。这种外加剂主要用来提高硬化体的抗冻性，在工程实践中得到了广泛应用。目前，引气剂主要有松香树脂类、烷基和烷基芳烃磺酸类、脂肪醇磺酸盐类、皂苷类，以及蛋白质盐、石油磺盐酸等。

大部分引气剂是阴离子表面活性剂，其作用机理是，在水-气界面及水-水泥界面上分别发生不同的作用，对于前者，憎水基向空气界面定向吸附，而对于后者，水泥及其水化粒子与亲水基吸附，然后憎水基形成憎水化吸附层，并向空气表面靠近，使水的表面张力显著降低，因此，拌合物在拌和过程中将产生大量带有相同电荷的微小气泡，这些气泡相互排斥并均匀分布。此外，引气剂分子与水泥水溶液中的游离 Ca^{2+} 发生反应形成钙盐沉淀并吸附于微小气泡上，所以微小气泡能在一段时间内稳定存在而不破灭。

5. 泵送剂

泵送剂是一种由减水剂、缓凝剂、引气剂等多种成分复合而成的外加剂，这种外加剂能改善拌合物的泵送性能，以保证拌合物在管道输送过程中不离析、不阻塞并保持良好的黏塑性。泵送剂主要有以下作用：在拌合物浓度不变的条件下改善其流变特性；提高拌合物浓度，增强硬化体的强度。

泵送剂的作用机理是，泵送剂中存在表面活性剂分子，这些分子在定向吸附作用下使料浆中的颗粒表面带有相同的电荷，因此颗粒互相排斥并稳定悬浮在浆体中，同时，由絮凝作用而形成的结构分散解体并释放包裹水，这样一来料浆的流动性也得到了改善。该过程可由图 3.6 表示。

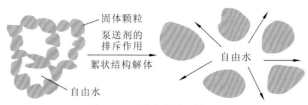

图 3.6　泵送剂的作用机理

　　同时，亲水基团吸附在水泥颗粒表面，形成的溶剂化水膜能够起到润滑、增大流动性及减水的作用，此外，泵送剂的添加引入了微小气泡，这些气泡被分子膜包围后与水泥颗粒带有相同的电荷，气泡-气泡及气泡-水泥颗粒之间在电性斥力的作用下相互排斥并分散在浆体中，颗粒间的滑动能力由此增加。因此，在高浓度料浆或膏体料浆中添加适量的泵送剂能有效改善料浆的流变性能。

3.2　充填材料的物理化学性质

　　在充填材料化学成分稳定的前提下，考虑到力学研究的需要，充填材料的重要物理力学性质有密度、堆密度（容重）、孔隙率和孔隙比、渗透系数、颗粒级配、压缩特性、强度特性等。

　　充填材料的物理力学性能及化学成分不仅对充填参数，如充填体强度、料浆流变特性等有重要影响，而且若其中存在有害成分，会污染井下环境，将无法作为充填料，因此全面测定主要充填料的物理力学性能和化学及矿物成分具有显著意义，也是研究的首要基础工作。

3.2.1　充填材料的物理力学性质

1. 表观密度测定

　　试验用粗磷尾矿、尾泥取自挑水河磷矿，磷石膏、浮选尾砂取自湖北东圣化工集团有限公司，粉煤灰取自湖北三宁化工股份有限公司。参照《建筑用卵石、碎石》（GB/T 14685—2011），分别测定了粗磷尾矿、破碎尾矿、粉煤灰、磷石膏、浮选尾砂、尾泥的表观密度，测试结果如表 3.9 所示（陈博文，2016）。

表 3.9　充填材料表观密度

材料	表观密度/（kg/m³）
粗磷尾矿	2 626
破碎尾矿 I	2 572
破碎尾矿 II	2 677

材料	表观密度/（kg/m³）
粉煤灰Ⅰ	1 990
粉煤灰Ⅱ	2 324
磷石膏	1 992
浮选尾砂	2 990
尾泥	2 904

注：破碎尾矿Ⅰ为颚式破碎尾矿；破碎尾矿Ⅱ为冲击式破碎尾矿；粉煤灰Ⅰ为一次取样；粉煤灰Ⅱ为二次取样。

由表 3.9 可知，粗磷尾矿表观密度为 2 626 kg/m³ 大于 2 600 kg/m³，符合《建筑用卵石、碎石》（GB/T 14685—2011）的规定，此外，破碎尾矿Ⅰ、破碎尾矿Ⅱ的表观密度分别为 2 572 kg/m³ 和 2 677 kg/m³，均大于 2 500 kg/m³，符合《建设用砂》（GB/T 14684—2011）的规定。同时，浮选尾砂表观密度最大，而磷石膏的表观密度较小，表明磷石膏有利于降低充填体容重。

2. 堆积密度测定

参照《建筑用卵石、碎石》（GB/T 14685—2011）和《建设用砂》（GB/T 14684—2011），分别测定了粗磷尾矿、破碎尾矿、粉煤灰、磷石膏、浮选尾砂的堆积密度，测试结果见表 3.10。

表 3.10　充填材料松散堆积密度、紧密堆积密度

材料	松散堆积密度/（kg/m³）	紧密堆积密度/（kg/m³）
粗磷尾矿	1 464	1 654
破碎尾矿Ⅰ	1 577	1 820
破碎尾矿Ⅱ	1 575	1 896
粉煤灰Ⅰ	650	950
粉煤灰Ⅱ	707	1 006
磷石膏	850	1 225
浮选尾砂	1 275	1 700

注：破碎尾矿Ⅰ为颚式破碎尾矿；破碎尾矿Ⅱ为冲击式破碎尾矿；粉煤灰Ⅰ为一次取样；粉煤灰Ⅱ为二次取样。

3. 孔隙率及休止角测定

参照《建筑用卵石、碎石》（GB/T 14685—2011）和《表面活性剂　粉体和颗粒休止角的测量》（GB/T 11986—1989），分别测定了粗磷尾矿、破碎尾矿、粉煤灰、磷石膏、浮选尾砂的孔隙率及休止角，测试结果如表 3.11 所示。

表 3.11 充填材料孔隙率和休止角

材料	孔隙率/%	休止角/(°)
粗磷尾矿	41	34
破碎尾矿 I	34	36
破碎尾矿 II	35	28
粉煤灰 I	60	31
粉煤灰 II	63	34
磷石膏	33	42
浮选尾砂	50	37

注：破碎尾矿 I 为颚式破碎尾矿；破碎尾矿 II 为冲击式破碎尾矿；粉煤灰 I 为一次取样；粉煤灰 II 为二次取样。

孔隙率和休止角分别按式（3.8）和式（3.9）计算，即

$$V_0 = \left(1 - \frac{\rho_{01}}{\rho_{02}}\right) \times 100 \qquad (3.8)$$

$$\theta_0 = \arctan\left(\frac{2H_0}{D_0}\right) \qquad (3.9)$$

式中：V_0 为孔隙率，%；ρ_{01} 为松散或紧密堆积密度，kg/m^3；ρ_{02} 为表观密度，kg/m^3；θ_0 为休止角，(°)；H_0 为散粒物料停止流动后形成的圆锥体高度，cm；D_0 为散粒物料停止流动后形成的圆锥体直径，cm。孔隙率取两次试验结果的算术平均值，精确至 1%。

由表 3.11 可知，粗磷尾矿孔隙率为 41%，小于 43%，符合 I 类标准。随着粒径的减小，破碎后的尾矿孔隙率减小，休止角增大，但仍然符合 I 类标准，且流动性较好，其主要原因在于：破碎后的尾矿粒度减小，使得密实度增大，孔隙率相应降低；同时，颗粒比表面积增大，使颗粒间的摩擦力作用增大，从而导致休止角增大。

4. 吸水率、坚固性及含水率测定

参照《建筑用卵石、碎石》（GB/T 14685—2011），分别测定了粗磷尾矿的吸水率、坚固性及含水率，测试结果如表 3.12 所示。

表 3.12 粗磷尾矿吸水率、坚固性及含水率测定

吸水率/%	坚固性/%	含水率/%
2.5	14.9	12.0

由表 3.12 可得，粗磷尾矿吸水率为 2.5%，大于 2%，坚固性为 14.9%，大于 12%，虽然超过《建筑用卵石、碎石》（GB/T 14685—2011）中规定的标准，但对于强度等级低的充填体而言，可以考虑将尾矿作为充填骨料。

5. 粒径分布测定

对于砂类散体介质来说，颗粒大小的分布情况（即级配）是影响其力学性质的最重要的物理参数。充填材料的粒度组成，可用列表法来表示，也可用粒度组成曲线来表示。

1）粗磷尾矿

粗磷尾矿粒径分布测定的操作规程参照《建筑用卵石、碎石》（GB/T 14685—2011），测定结果如表 3.13 所示。由表 3.13 可以看出，重介质尾矿粒径分布呈现出粗粒级含量偏多，细粒级含量偏少的特点。其中，粒径在 4.75 mm 以下的含量约为 7%，粒径在 0.315 mm 以下的含量约为 0.7%，而粒径在 4.75~19.0 mm 的含量达到了 88%，与我国规定的泵送混凝土集料通过 0.315 mm 筛孔的含量不应少于 15%的标准存在较大差距。

表 3.13　粗磷尾矿粒径分布

粒径/ mm	区间分布/%	累积分布/%
−0.075	0.417 7	0.417 7
−0.15~0.075	0.189 0	0.606 7
−0.30~0.15	0.096 2	0.702 9
−0.60~0.30	0.226 4	0.929 3
−1.18~0.60	0.391 2	1.320 5
−2.36~1.18	1.372 5	2.693
−4.75~2.36	5.498 5	8.191 5
−9.5~4.75	29.222 9	37.414 4
−16.0~9.5	48.141 2	85.555 6
−19.0~16.0	10.834 2	96.389 8
19.0	3.610 2	100

2）粉煤灰

通过 Malvern Master Sizer 2000 和 BT-2002 型激光粒度分布仪，可分别测得粉煤灰 I 和粉煤灰 II 粒径分布，结果如图 3.7（a）、（b）所示。由图 3.7（a）可知，粉煤灰 I 粒径大于 45 μm 的颗粒约占 28.69%，在细度上属于 III 级粉煤灰（28.69%>20%），且−20 μm 累积含量约为 43.83%，可增加充填骨料细粒级含量。此外，粉煤灰重量比表面积为 0.909 m²/g，最大粒径为 158.866 μm，最小粒径为 0.399 μm，体积平均径为 32.706 μm，$D_{10}=2.305$ μm，$D_{50}=24.790$ μm，$D_{90}=76.241$ μm（D_{10} 表示样品累积粒度分布数达到 10% 所对应的粒径；D_{50} 表示样品累积粒度分布数达到 50%所对应的粒径；D_{90} 表示样品累积粒度分布数达到 90%所对应的粒径），则粉煤灰粒径分布宽度可按式（3.10）计算得出：

$$S=(D_{90}-D_{50})/D_{10}=22.32 \qquad (3.10)$$

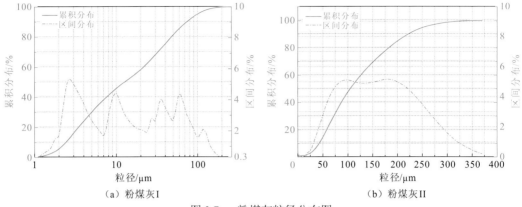

（a）粉煤灰 I　　　　　　　　　　（b）粉煤灰 II

图 3.7　粉煤灰粒径分布图

同理，由图 3.7（b）可得，粉煤灰 II 粒径大于 45 μm 的颗粒约占 88%，在细度上属于 III 级粉煤灰（88%>20%），且-20 μm 累积含量约为 2.17%，与粉煤灰 I 相比超细颗粒含量偏低。此外，粉煤灰重量比表面积为 0.153 m²/g，最大粒径为 369.1 μm，最小粒径为 1.455 μm，体积平均径为 119.5 μm，D_{10} = 41.98 μm，D_{50} = 104.0 μm，D_{90} = 221.9 μm，则粉煤灰粒径分布宽度可按式（3.11）计算得出：

$$S = (D_{90}-D_{50})/D_{10} = 2.808 \tag{3.11}$$

综上可得，粉煤灰 I 和粉煤灰 II 的粒径均较电厂粉煤灰粗，且粉煤灰 II 粗于粉煤灰 I，但粉煤灰 I 的粒径分布范围宽于粉煤灰 II。

3）磷石膏

通过 Rise-2002 型激光粒度分布仪，可测得磷石膏的粒径分布，结果如图 3.8 所示。由图 3.8 可得，D_{10} = 3.834 μm，D_{50} = 10.744 μm，D_{90} = 28.890 μm，最小粒径为 1.516 μm，最大粒径为 87.64 μm，平均粒径为 14.050 μm，-20 μm 累积含量约为 76%，体积比表面积为 0.512m²/ cm³，其粒径分布宽度可按式（3.12）计算得出：

$$S = (D_{90}-D_{50})/D_{10} = 4.73 \tag{3.12}$$

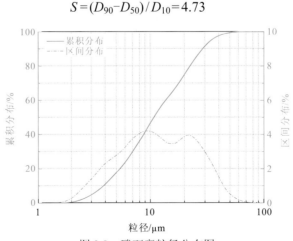

图 3.8　磷石膏粒径分布图

由以上分析可知，磷石膏粒径较细，粒径分布范围较小，有利于增加骨料的细粒级含量，但若添加过量，不利于充填体脱水和快速硬化，进而影响充填体的强度。

4）浮选尾砂

通过 Rise-2002 型激光粒度分布仪，可测得浮选尾砂的粒径分布，结果如图 3.9 所示。由图 3.9 可得，$D_{10}=1.215$ μm，$D_{50}=3.508$ μm，$D_{90}=18.436$ μm，最小粒径为 0.429 μm，最大粒径为 66.869 μm，平均粒径为 6.809 μm，-20 μm 累积含量约为 92%，体积比表面积为 1.057 m²/cm³，其粒径分布宽度可按式（3.13）计算得出：

$$S=(D_{90}-D_{50})/D_{10}=12.29 \tag{3.13}$$

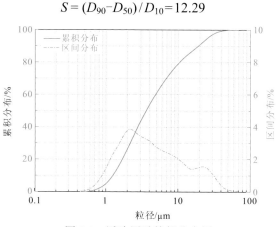

图 3.9　浮选尾砂粒径分布图

由以上分析可知，浮选尾砂与磷石膏相比粒径更细，粒径分布范围更大，在添加浮选尾砂时，同样需控制其添加量，以免造成充填体强度的劣化。

5）尾泥

通过 Malvern Master Sizer 2000 型激光粒度分布仪，可测得尾泥的粒径分布，结果如图 3.10 所示。由图 3.10 可得，$D_{10}=2.08$ μm，$D_{50}=10.2$ μm，$D_{90}=41.6$ μm，最小粒径为 0.594 μm，最大粒径为 3 080 μm，-20 μm 累积含量约为 73%，质量比表面积为 1.145 m²/g，其粒径分布宽度可按式（3.14）计算得出：

$$S=(D_{90}-D_{50})/D_{10}=15.096 \tag{3.14}$$

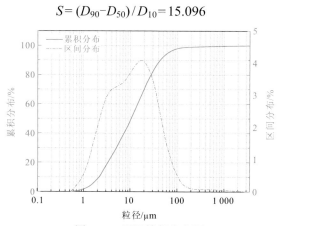

图 3.10　尾泥粒径分布图

由以上分析可得，尾泥的粒径比浮选尾砂要粗，但比磷石膏要细，而且尾泥的粒径分布范围更大。

3.2.2　充填材料的微观特性

充填材料的微观测试手段为 SEM 和环境扫描电子显微镜（environmental scanning electron microscope，ESEM）。SEM 的工作原理是用电子束在样品表面激发出次级电子，次级电子用探测体收集，然后转变为光信号，再通过转换器控制荧光屏上电子束的强度，从而同步其电子扫描图像。

测试仪器为 Hitachi SU8010 和 FEI Quanta 200，测试结果如图 3.11～图 3.15 所示。

图 3.11 表明，粗尾矿表面凹凸不平，空隙处由大量凝胶状集合体、圆状和棱状粒屑填充，其中凝胶状集合体的主要成分为泥晶磷灰石，而圆状和棱状粒屑为白云石、石英或玉髓等与泥晶磷灰石胶结形成的砂屑或砾屑。粗尾矿经过破碎处理后的微观形貌如图 3.12 所示，从中可以看出，块状粗尾矿分散成小粒径不规则块状、片状或棱柱状尾矿，且大粒径尾矿表面黏附小粒径尾矿及凝胶状集合体、圆状和棱状粒屑，同时，在大粒径尾矿断面上清晰可见不规则条带状和层状裂痕。虽然粗尾矿经过破碎处理后细集料显著增多，但破碎尾矿形状不规则且表面极其粗糙，因此，胶结充填体的性能将受破碎尾矿表面效应的影响而劣化。

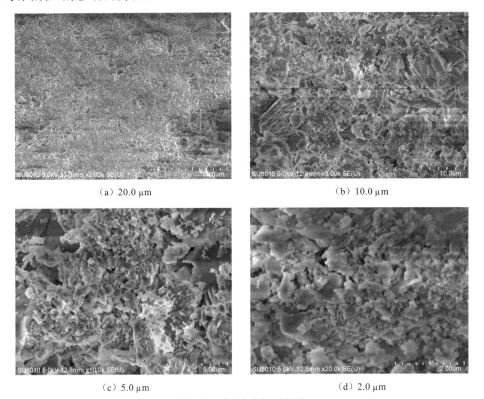

(a) 20.0 μm　　　　　　　　　　　　(b) 10.0 μm

(c) 5.0 μm　　　　　　　　　　　　(d) 2.0 μm

图 3.11　粗尾矿微观形貌

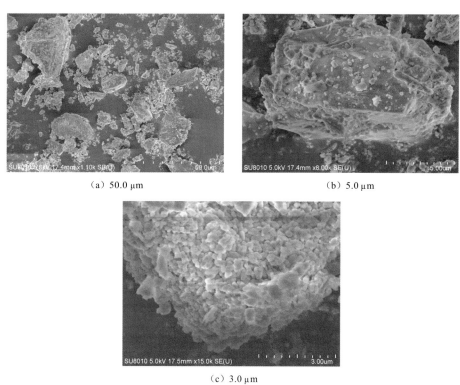

（a）50.0 μm   （b）5.0 μm

（c）3.0 μm

图 3.12 破碎尾矿微观形貌

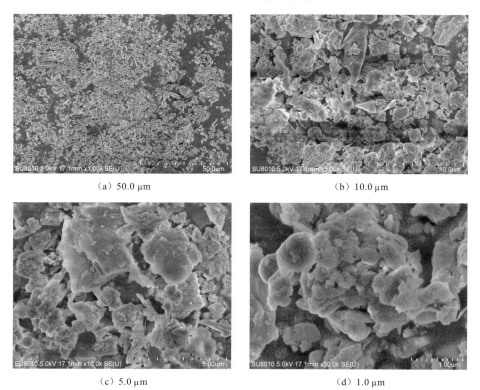

（a）50.0 μm   （b）10.0 μm

（c）5.0 μm   （d）1.0 μm

图 3.13 粉煤灰微观形貌

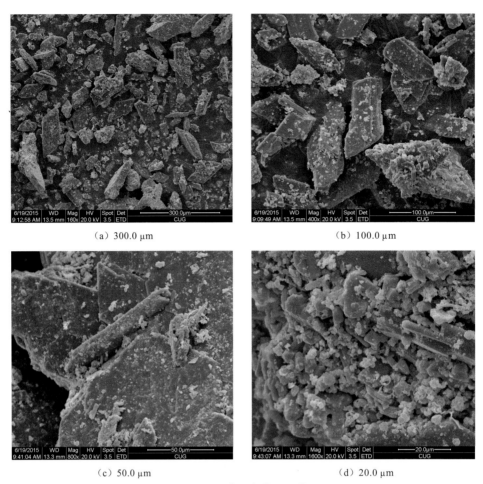

（a）300.0 μm　　　　　　　　　　　（b）100.0 μm

（c）50.0 μm　　　　　　　　　　　（d）20.0 μm

图 3.14　磷石膏微观形貌

由图 3.13 可以看出，粉煤灰平均粒径及粒径分布范围与破碎尾矿相比小很多，且其颗粒表面光滑度有了较大改善，有利于改善破碎尾矿的级配，提高胶结充填料浆的和易性。但是，该粉煤灰少见球形颗粒，而含有较多的表面粗糙且不规则的黏聚颗粒、钝角颗粒及碎屑，故其需水量大，导致充填体孔隙率增大，影响充填体质量。为此，以该粉煤灰为充填材料时，应特别注意控制其添加量，以免添加量过多导致充填体性能变差。

图 3.14 表明，原状磷石膏晶体粗大，不均匀，晶体尺寸变化大，形貌多为单分散的六方板状或棱柱状，且相互交织在一起。磷石膏这种晶体特征将导致胶凝材料的流动性变差，进而影响固结体力学性能的提高。与此同时，在磷石膏的 $CaSO_4 \cdot 2H_2O$ 晶体表面可以看到许多颗粒状的杂物，这些颗粒状的杂物主要由 SiO_2、Al_2O_3、Fe_2O_3、MgO、P_2O_5 等成分组成。

图 3.15 表明，浮选尾砂表面粗糙，显微构造以块状、板状为主，其表面光滑度优于重选尾矿和磷石膏。此外，在大颗粒尾砂表面附着有条状、管状和海绵状填隙物及圆状和棱角状粒屑。

（a）500.0 μm

（b）100.0 μm

（c）50.0 μm

图 3.15 浮选尾砂微观形貌

3.2.3 充填材料的化学性质

1. 充填材料化学特性

测试内容为充填材料的化学成分，测试方法为 ICP-MS&ICP-OES 分析，测试仪器为 Avio 500 ICP-OES。通过 ICP-MS&ICP-OES 分析得出磷尾矿、粉煤灰 I、磷石膏、浮选尾砂和 425 硅酸盐水泥的化学成分，如表 3.14 所示。充填材料中的各种化学成分及其含量对充填体性能具有一定影响和作用，对充填体强度影响作用较大的主要化学成分有 CaO、MgO、Al_2O_3、SiO_2、S。通常用碱性系数、质量分数以及活性率表示样品化学成分特性。由表 3.14 可得如下结果。

表 3.14　充填材料化学成分

元素/（mg/g）	磷尾矿	粉煤灰 I	磷石膏	浮选尾砂	425 硅酸盐水泥
Al	8.512 8	53.296 2	4.812 7	12.129 1	32.285 2
Si	32.300 0	287.000 0	16.699 3	94.122 4	98.900 0
Ca	235.025 3	8.824 5	187.048 9	297.778 9	375.102 2
K	7.528 8	32.930 4	24.834 6	7.249 6	6.212 0
Ti	0.702 5	5.797 7	0.485 8	1.024 5	2.411 2
P	18.773 7	0.004 22	4.495 0	97.944 4	—
S	0.372 0	7.100 0	175.073 8	0.633 1	9.490 0
Fe	6.026 6	37.035 7	4.733 4	8.119 5	19.128 8
Na	2.061 9	4.762 8	4.028 6	4.945 4	1.251 7
Mg	58.880 2	6.281 1	0.136 7	13.278 8	14.460 4
Mn	0.472 394 1	0.347 371 4	$8.065\,6\times10^{-3}$	0.153 286 6	3.541 718 7
Ni	0.0 131 000	0.083 149 4	$4.232\,5\times10^{-3}$	0.015 427 5	0.017 410 1
Cu	$8.266\,9\times10^{-3}$	0.097 772 8	4.492×10^{-4}	$7.751\,9\times10^{-3}$	0.016 415 3
Zn	0.037 315 2	0.141 244 0	0.080 855 9	0.160 291 4	0.048 847 9
As	$9.725\,8\times10^{-3}$	0.082 101 4	$3.543\,7\times10^{-3}$	0.011 904 4	0.020 394 7
Be	3.483×10^{-4}	$6.777\,7\times10^{-3}$	5.47×10^{-5}	6.448×10^{-4}	$1.273\,4\times10^{-3}$
Se	0.078 600 0	—	—	0.059 336 0	0.064 566 7
Bi	1.97×10^{-5}	$1.247\,7\times10^{-3}$	5.59×10^{-5}	4.09×10^{-5}	3.800×10^{-4}
Ba	0.255 1	0.994 8	1.031 2	1.905 7	0.662 5
Cd	1.409×10^{-4}	$1.192\,8\times10^{-3}$	3.055×10^{-4}	2.858×10^{-4}	6.586×10^{-4}
Cr	0.016 772 0	0.152 723 4	0.010 880 6	0.039 340 6	0.620 795 6
Hg	—				
Pb	$9.418\,1\times10^{-3}$	0.089 088 7	$8.305\,2\times10^{-3}$	$8.905\,0\times10^{-3}$	0.040 292 0

1）磷尾矿的碱性系数和质量系数

碱性系数：

$$M_M=\frac{\text{CaO}+\text{MgO}}{\text{SiO}_2+\text{Al}_2\text{O}_3}=\frac{32.88+9.76}{6.91+1.608}=5.006 \qquad （3.15）$$

质量系数：

$$K_M = \frac{CaO + Al_2O_3 + 10}{SiO_2 + TiO_2 + MgO} = \frac{32.88 + 1.608 + 10}{6.91 + 0.117 + 9.76} = 2.650 \tag{3.16}$$

由于磷尾矿的碱性系数 $M_M = 5.006 > 1$，质量系数 $K_M = 2.650 > 1.6$，故该磷尾矿属于碱性磷尾矿且活性较高。此外，由于磷尾矿中 P 的含量较高，对胶结充填体具有缓凝作用，不利于胶结充填体早期抗压强度的增长。

2）粉煤灰 I 的碱性系数和活性率

粉煤灰 I 中 Si、Al 的含量较高，有利于缩短胶结充填体的凝结时间，但 Ca 的含量偏低，无法有效降低充填体的孔隙率，进而导致充填体抗压强度降低。此外，粉煤灰 I 的碱性系数 M_M 和活性率 M_a 分别如下。

碱性系数：

$$M_M = \frac{CaO + MgO}{SiO_2 + Al_2O_3} = \frac{1.23 + 1.04}{61.4 + 10.07} = 0.032 \tag{3.17}$$

活性率：

$$M_a = \frac{Al_2O_3}{SiO_2} = \frac{10.07}{61.4} = 0.164 \tag{3.18}$$

由于 $M_M = 0.032 < 1$，$M_a = 0.164 < 0.25$，故该粉煤灰属酸性、低活性粉煤灰。

3）磷石膏的碱性系数和质量系数

磷石膏中 CaO 和 SO₃ 的含量较高，此与磷石膏矿物成分 XRD 分析结果相符，即磷石膏的主要物相为 $CaSO_4 \cdot 2H_2O$，同时，磷石膏中还含有少量的 P，因此磷石膏的添加可能造成水泥凝结时间的延长和强度的降低。磷石膏的碱性系数和质量系数分别为

$$M_M = \frac{CaO + MgO}{SiO_2 + Al_2O_3} = \frac{26.187 + 0.023}{3.578 + 0.909} = 5.841 \tag{3.19}$$

$$K_M = \frac{CaO + Al_2O_3 + 10}{SiO_2 + TiO_2 + MgO} = \frac{26.187 + 0.909 + 10}{3.578 + 0.081 + 0.023} = 10.075 \tag{3.20}$$

由于 $M_M = 5.841 > 1$，质量系数 $K_M = 10.075 > 1.6$，故该磷石膏属于碱性磷石膏且活性较高。

4）浮选尾砂的碱性系数和质量系数

浮选尾砂中 Si、Ca 的含量较高，其碱性系数和质量系数分别为

$$M_M = \frac{CaO + MgO}{SiO_2 + Al_2O_3} = \frac{41.69 + 2.213}{20.169 + 2.291} = 1.955 \tag{3.21}$$

$$K_M = \frac{CaO + Al_2O_3 + 10}{SiO_2 + TiO_2 + MgO} = \frac{41.69 + 2.291 + 10}{20.169 + 1.287 + 2.213} = 2.281 \tag{3.22}$$

由于 $M_M = 1.955 > 1$，质量系数 $K_M = 2.281 > 1.6$，故该浮选尾砂属于碱性尾砂且活性较高。但浮选尾砂中 P 的含量偏高，造成了凝结时间的延长。

5）充填材料化学成分

磷尾矿、粉煤灰 I、磷石膏和浮选尾砂中 SO_3 的含量均超过 0.5%[《建设用砂》（GB/T 14684—2011）]，对充填料浆的安定性可能产生不良影响。此外，充填材料有毒重金属的含量均低于国家标准[《危险废物鉴别标准 浸出毒性鉴别》（GB 5085.3—2007）]要求，对环境影响甚微。

2. 矿物成分

测试内容为充填材料的矿物成分，测试方法为 XRD 分析，测试仪器为 Bruker AXS D8-Focus 和 X'Pert PRO DY2198，测试结果通过 X'Pert Highscore Plus 软件进行半定量分析，分析结果如图 3.16～图 3.20 和表 3.15 所示。

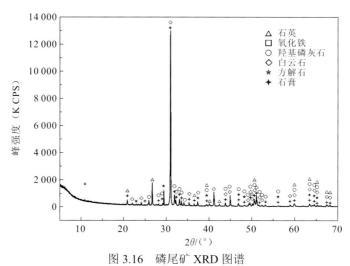

图 3.16 磷尾矿 XRD 图谱

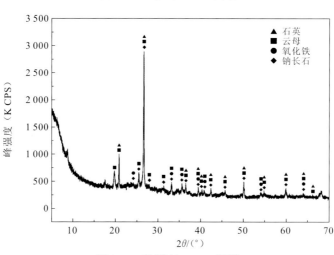

图 3.17 粉煤灰 I XRD 图谱

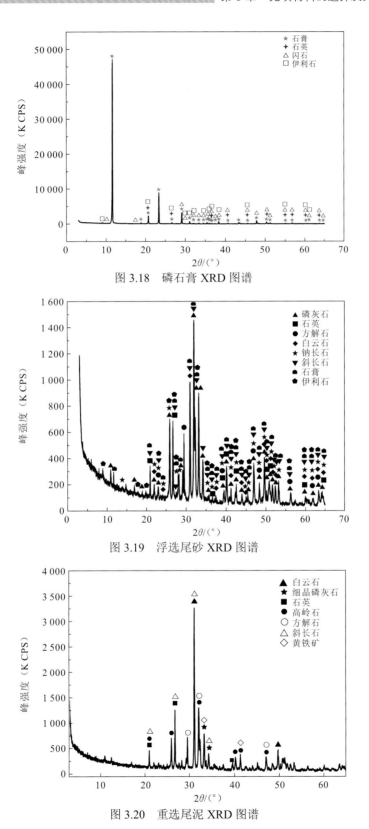

图 3.18　磷石膏 XRD 图谱

图 3.19　浮选尾砂 XRD 图谱

图 3.20　重选尾泥 XRD 图谱

表 3.15 材料矿物成分定量分析结果

样品名称	磷灰石/%	石英/%	氧化铁/%	钠长石/%	斜长石/%	云母/%	伊利石/%	闪石/%	白云石/%	方解石/%	石膏/%
磷尾矿	10.15	6.91	12.75	—	—	—	—	—	69.65	0.34	0.20
粉煤灰 I	—	61.55	1.46	15.99	—	20.99	—	—	—	—	—
磷石膏	—	1.35	—	—	—	—	4.05	0.59	—	—	94.02
浮选尾砂	60.94	2.24	—	8.38	11.42	—	9.76	—	6.30	0.61	0.34
重选尾泥	24.00	9.00	10.00	—	5.00	—	4.00	—	43.00	5.00	—

图 3.16 表明，磷尾矿的主要物相为羟基磷灰石、石英、氧化铁、白云石、方解石和石膏，其中白云石含量最高，达 69.65%。由于磷尾矿中 Ca 和 Mg 主要以碳酸盐的形式存在于白云石中，其对充填体的胶结活性影响不大；石英和氧化铁的总含量达到 19.66%，故磷尾矿存在一定的活性。

图 3.17 表明，粉煤灰 I 的主要物相为石英、云母、钠长石和氧化铁，其中石英含量最高，达 61.55%，故该粉煤灰活性较高；云母和钠长石含量次之，分别占 20.99% 和 15.99%，由于该粉煤灰中的 Al 主要存在于这两种物相中，粉煤灰的活性将受到一定的影响。

图 3.18 表明，磷石膏的主要物相为石膏、石英、闪石和伊利石，其中石膏含量最高，达 94.02%，而石膏在胶凝体系中通常具有缓凝的作用，因此，磷石膏的添加不利于充填体的早期强度。

图 3.19 表明，浮选尾砂的主要物相为磷灰石、斜长石、伊利石、钠长石、白云石和石英，其中磷灰石的含量高达 60.94%，对水化反应可能产生影响，导致硅酸三钙（C_3S）的形成量减少，进而影响充填体的强度。

图 3.20 表明，重选尾泥的矿物成分主要有石英、白云石、方解石、高岭石和黄铁矿等。

3.3 磷尾矿骨料级配

3.3.1 骨料级配理论

当前矿山胶结充填所利用的骨料主要是微米级尾矿，采用的是全尾砂高质量分数（70%～75%）充填，而磷矿重介质选矿后的尾矿是毫米级尾矿。利用磷尾矿胶结充填，属粗骨料胶结充填，骨料的级配不同，充填的工艺流程和技术特点也就不同。传统的粗骨料胶结充填被称为混凝土充填，其制备工艺与技术基本沿用了混凝土学的理论和技术。然而，建筑混凝土与矿山胶结充填体之间在应用的目标要求和技术条件等方面存在较大差异，这就决定了其工艺具有很大的局限性，不可能满足矿山充填的要求。因此，需对重介质选矿后的尾矿进行处理，使之满足级配的要求，同时提高充填料浆的质量分数，制作成膏体（质量分数为 75%～85%，最高可达 88%）。

目前胶结充填骨料级配理论主要沿用混凝土骨料级配理论。混凝土骨料级配理论丰富，主要包括：最大密实度曲线理论（n 法）、粒子干涉理论、矿料级配曲线理论（k 法）、i 法、Superpave 法等。尽管各级配理论存在差异，但都具有一个共同点，即通过控制细颗粒骨料至粗颗粒骨料的粒径分布来降低骨料骨架的孔隙率，从而得到最佳密实度，并使松散的骨料颗粒形成密实的骨架结构。为操作简便，以最大密实度曲线理论为基础开展磷矿胶结充填骨料级配的试验研究。

最大密实度曲线最初是由 Füller 等（1906）通过试验提出的一种理想曲线。最大密实度曲线理论认为若想要混合集料孔隙小、密实度大，固体颗粒集料级配曲线应接近式（3.23）表示的抛物线：

$$P_x = 100\left(\frac{d_x}{D_x}\right)^{\frac{1}{2}} \tag{3.23}$$

式中：P_x 为集料粒径 d_x 的通过百分率，%；D_x 为集料最大粒径，mm。

为考虑骨料类型和工作性要求的影响，Bolomey（1927）在最大密实度曲线理论基础上引入了参数 A_0，即

$$P_x = A_0 + (100 - A_0)\left(\frac{d_x}{D_{\max}}\right)^{\frac{1}{2}} \tag{3.24}$$

式中：P_x 为集料粒径 d_x 的通过百分率，%；$D_{\max}$ 为骨料全部通过或最多 5%未通过的方孔筛孔径，mm；A_0 为修正参数。

与最大密实度曲线相比，Bolomey 的曲线提高了细颗粒骨料的含量，改善了混凝土的工作性能，适合于要求泵送等更高工作性能的混凝土骨料的级配选择。

最大密实度曲线是一种理想曲线，难以满足实际生产需求，为此，Talbol 和 Richart（1923）提出最大密实度曲线指数不应为常数 0.5，而应改为 n_0，因为集料的级配应允许一定范围的波动。于是，Talbol 将最大密实度曲线公式改为

$$P_x = 100\left(\frac{d_x}{D_x}\right)^{n_0} \tag{3.25}$$

式中：P_x 为集料粒径 d_x 的通过百分率，%；D_x 为集料的最大粒径，mm；n_0 为级配递减系数。

3.3.2　磷尾矿破碎骨料级配

1. 磷尾矿自然级配

以最大密实度曲线理论为基础,对粗磷尾矿的自然级配水平进行分析,结果如图 3.21 所示。

图 3.21 表明，尾矿粒度特征曲线偏离最大密实度曲线的程度较大，与最大密实度曲线相比，尾矿粒度分布不连续，呈现细粒度和中粒度含量偏少，而粗粒度含量偏多的特征。通过式（3.24）拟合得出尾矿级配递减系数为 0.86，大于最大密实度曲线理论理想级配递减系数

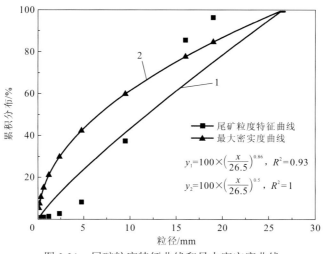

图 3.21　尾矿粒度特征曲线和最大密实度曲线

0.5，与 Talbol 理论分析得出的较好密实度的级配递减系数范围 0.35～0.5、日本规定的范围 0.35～0.45 及美国认证协会（American Certification Institute，ACI）规定的 0.45 差距明显。

研究结果表明，粗磷尾矿自然级配水平差，总体呈现细粒度、中粒度含量偏少，而粗颗粒含量偏多的特征，不适宜直接作为胶结充填骨料，而需要通过破碎或其他手段增加细粒级和中粒级含量以改善级配水平。

2. 破碎磷尾矿级配

磷尾矿自然级配不适宜直接作为胶结充填骨料，需要通过添加细集料或破碎等手段改善级配水平，以使级配递减系数接近 0.4～0.6。一般而言，将尾砂作为细集料或通过机械破碎改善级配水平的方式比较常见，也有通过添加粉煤灰、细砂等改善级配的方式，但就磷矿现有条件而言，采用机械破碎和添加粉煤灰的方式较合理，因此，首先考虑机械破碎的方式，再通过添加粉煤灰进一步增强充填料浆的流变性能。为此，分别选择-3 mm、-5 mm、-8 mm、-10 mm 和-12 mm 的粒径对尾矿进行破碎，破碎方式为颚式破碎（PE-I 100×125），并采用美国材料与试验协会（American Society for Testing and Materials，ASTM）标准筛进行筛分，结果如表 3.16 和图 3.22 所示。

表 3.16　不同粒径尾矿级配

粒径/ mm	-3 mm		-5 mm		-8 mm		-10 mm		-12 mm	
	区间分布/%	累积分布/%	区间分布/%	累积分布/%	区间分布/%	累积分布/%	区间分布/%	累积分布/%	区间分布/%	累积分布/%
-0.075	10.198	10.198	4.756	4.756	0.810	0.810	0.680	0.680	0.520	0.520
-0.15～0.075	10.655	20.853	6.213	10.969	3.239	4.049	2.768	3.448	1.130	1.650
-0.30～0.15	9.827	30.680	7.848	18.817	4.453	8.502	3.054	6.502	2.220	3.870
-0.6～0.30	16.316	46.996	13.631	32.448	8.907	17.409	8.771	15.273	8.670	12.540

续表

粒径/ mm	−3 mm		−5 mm		−8 mm		−10 mm		−12 mm	
	区间分布/%	累积分布/%	区间分布/%	累积分布/%	区间分布/%	累积分布/%	区间分布/%	累积分布/%	区间分布/%	累积分布/%
−1.18～0.60	18.443	65.439	17.762	50.210	11.741	29.150	9.172	24.445	5.226	17.766
−2.36～1.18	20.272	85.711	26.188	76.398	15.385	44.535	15.563	40.008	10.587	28.353
−4.75～2.36	14.289	100.000	23.427	99.825	40.080	84.615	13.631	53.639	10.979	39.332
−9.5～4.75	—	—	0.175	100.000	15.385	100.000	43.034	96.673	59.538	98.870
−16.0～9.5	—	—	—	—	—	—	3.327	100.000	1.130	100.000

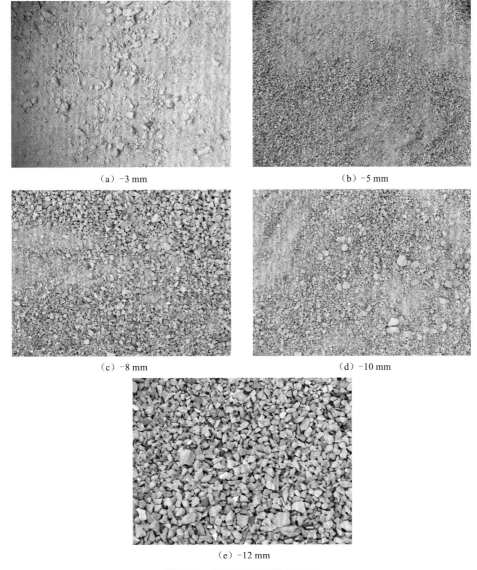

（a）−3 mm　（b）−5 mm　（c）−8 mm　（d）−10 mm　（e）−12 mm

图 3.22　磷尾矿不同粒径尾矿

由表 3.16 可知，-3 mm 粒径级配水平最好，其 0.3 mm 以下含量为 30.68%，符合我国规定的泵送混凝土集料通过 0.315 mm 筛孔的含量不应少于 15% 的标准，同时，其 20 μm 以下含量约为 2.797%，小于 15%，故其超细粒级的含量偏低。-5 mm 粒径级配水平次之，其 0.3 mm 以下含量为 18.8%，符合我国规定的泵送混凝土集料通过 0.315 mm 筛孔的含量不应少于 15% 的标准，同时，其 20μm 以下含量约为 1.221%，小于 15%，与-3 mm 粒径级配相比细粒级含量偏低。而-8 mm、-10 mm 和-12 mm 粒径级配 0.3 mm 以下含量均不足 10%，无法满足泵送充填级配的要求。为进一步分析不同粒径尾矿的级配水平，采用最大密实度曲线理论进行研究，结果如图 3.23 所示。

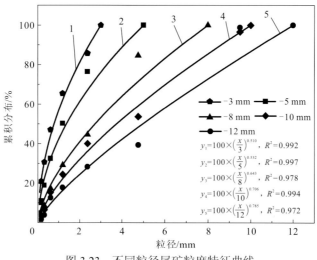

图 3.23　不同粒径尾矿粒度特征曲线

图 3.22 表明，-3 mm、-5 mm、-8 mm、-10 mm 和-12 mm 的级配递减系数分别约为 0.510、0.532、0.643、0.706 和 0.785，其中，-3 mm 和-5 mm 粒度集料均已达到较优密实度（$n_0 = 0.4 \sim 0.6$），而-8 mm、-10 mm 和-12 mm 粒度集料的粗颗粒含量偏多，无法达到较优密实度，需添加细集料以改善级配水平（陈博文等，2015）。

3. 磷尾矿破碎比能耗

为进一步优选破碎粒度，拟对-3 mm 和-5 mm 破碎粒度进行功耗分析。根据 Bond（1960）第三破碎理论，物料破碎比能耗可用以下公式表示：

$$W = 10W_i \left(\frac{1}{\sqrt{P_{80}}} - \frac{1}{\sqrt{F_{80}}} \right) \qquad （3.26）$$

式中：W 为单位质量物料破碎所需要消耗的能量，即比能耗，kW·h/t；W_i 为功指数，kW·h/t；P_{80} 为出料 80% 通过的尺寸，μm；F_{80} 为进料 80% 通过的尺寸，μm。

由表 3.16 及相关文献，结合式（3.26），可确定-3 mm 和-5 mm 粒度集料的破碎比能耗，如表 3.17 所示。

表 3.17　-3 mm 和-5 mm 粒度集料的破碎比能耗

破碎粒度/mm	$F_{80}/\mu m$	$P_{80}/\mu m$	$W_i/(kW·h/t)$	$W/(kW·h/t)$
-3	15 064	1 937	8.28	1.876
-5		3 287		0.770

由表 3.17 可知，破碎粒度越小，破碎机所消耗的能量越大，其中，-3 mm 和-5 mm 粒度集料的破碎比能耗分别为 1.876 kW·h/t 与 0.770 kW·h/t，两者相差 1.106 kW·h/t，在满足性能要求的前提下，-5 mm 破碎粒度在功耗上更具优势，也有利于降低充填成本。

4. 磷尾矿破碎方式

在上述研究基础上，对不同破碎方式的影响展开了研究。破碎方式为辊式破碎和冲击式破碎，破碎粒度为-5 mm，破碎集料粒径分布如表 3.18 和表 3.19 所示。

表 3.18　-5 mm 辊式破碎集料粒径分布

粒径/mm	-5 mm（辊式破碎）	
	区间分布/%	累积分布/%
-0.020	4.079	4.079
-0.075~0.020	8.918	12.997
-0.15~0.075	16.882	29.879
-0.30~0.15	19.006	48.885
-0.6~0.30	27.109	75.994
-1.18~0.60	15.507	91.501
-2.36~1.18	6.249	97.750
-5.0~2.36	2.250	100.000

表 3.19　-5 mm 冲击式破碎集料粒径分布

粒径/mm	-5 mm（冲击式破碎）	
	区间分布/%	累积分布/%
-0.019	6.00	6.00
0.019~-0.037	2.02	8.02
0.037~-0.075	2.03	10.04
0.075~-0.125	1.93	11.97
0.125~-0.25	3.79	15.76
0.25~-0.5	11.63	27.39
0.5~-1.0	17.78	45.18
1.0~-2.5	19.99	65.17
2.5~-5.0	34.83	100.00

由表 3.18 可得，采用辊式破碎的方式能显著增加细颗粒含量，其中 0.3 mm 以下含量达到 48.885%，20 μm 以下含量约为 4.079%，细颗粒含量较颚式破碎有较大提高。为进一步分析-5 mm 辊式破碎集料的级配水平，采用式（3.20）对其级配递减系数进行分析，结果如图 3.24 所示。图 3.24 表明，-5 mm 辊式破碎集料的级配递减系数为 0.248，与混凝土理想级配递减系数（0.5）和砂的限制级配递减系数（0.45）相比，级配递减系数偏小，级配水平较差。

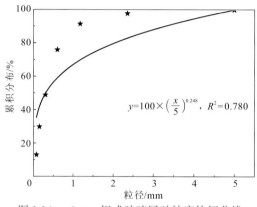

图 3.24 -5 mm 辊式破碎尾矿粒度特征曲线

采用冲击式破碎的方式，尾矿 0.3 mm 以下含量达到 17.584%，20 μm 以下含量约为 6.00%（表 3.19），其超细颗粒含量高于颚式破碎和辊式破碎尾矿。为进一步分析-5 mm 冲击式破碎集料的级配水平，采用式（3.24）对其级配递减系数进行分析，结果如图 3.25 所示。图 3.25 表明，-5 mm 冲击式破碎集料的级配递减系数为 0.556，处于较优级配递减系数范围 0.4～0.6，故-5 mm 冲击式破碎集料的级配水平良好。

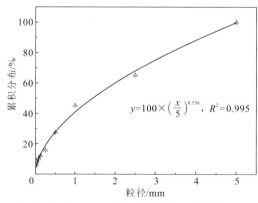

图 3.25 -5 mm 冲击式破碎尾矿粒度特征曲线

综上所述，为满足远距离泵送要求，推荐采用超细颗粒含量较高的-5 mm 冲击式破碎方案，该方案破碎集料 0.3 mm 以下含量为 17.584%，20 μm 以下含量约为 6.00%，级配递减系数为 0.556。

3.4　磷石膏骨料改性技术

1. 磷石膏充填性能初步评价

通过对磷石膏物理力学性质及化学成分的测定可知如下结论。

磷石膏是一种颗粒极细的酸性物质，中值粒径（D_{50}）为 49.84 μm，孔隙比和渗透系数小，相对密度为 2.386 g/cm^3，松散干容重为 0.721 N/m^3，密实干容重为 0.998 N/m^3。磷石膏颗粒形状呈扁平长条状，形状上不利于构成框架，对充填体强度不利。磷石膏与尾砂相比，磷石膏密度、容重较小，含水率较大。

磷石膏中 CaSO$_4$·2H$_2$O 的质量分数高达 90%以上，化学性质决定其含水率高，而高含量的 CaSO$_4$ 使其具有缓凝作用，不利于胶结充填体的早期强度，与硅酸盐水泥等胶凝材料的水化反应及固结效果较差，不利于充填体脱水和快速硬化，影响胶结充填体的强度。化学成分中 CaO 的质量分数则为 34.31%，使其具有活化补充作用。磷石膏中的 F 含量为 0.075%，若直接充入井下，可能对地下环境造成不利的影响。

磷石膏不均匀系数较低，属均匀的黏土类物质，流动性能好，便于管道输送，充入采场后，将有利于减少磷石膏基材料的离析。

综上所述，磷石膏不是理想的充填骨料，若用于充填，需要在物理化学性质上进行改进，使充填参数满足采矿工艺的需要。

2. 磷石膏充填骨料的改性技术

磷石膏作为充填骨料的改性主要体现在两个方面：一是物理改性，添加尾砂，改变其粒级组成和颗粒形状。二是化学改性，添加碱性材料，中和磷石膏的酸性，将它转化为一般固体废弃物；添加合理的胶凝材料，互相激发活性，与磷石膏搅拌，固化成型，具有较高的强度。

1）磷石膏 pH 改性

根据磷石膏的酸性特征，选用了碱性物料石灰和水泥，与磷石膏加水搅拌混合成均质料浆，然后测定料浆的 pH 及磷石膏料浆泌水的 pH，结果见表 3.20、表 3.21。

表 3.20　磷石膏、石灰混合料浆 pH 测定表

组号	磷石膏（含水率 27.6%）/g	石灰/g	石灰∶磷石膏	pH 测定结果	
				料浆	泌水
1	500	50	1∶10	12	12
2	500	100	1∶5	13	13
3	500	25	1∶20	12	12
4	500	10	1∶50	11	11

组号	磷石膏（含水率 27.6%）/g	石灰/g	石灰：磷石膏	pH 测定结果	
				料浆	泌水
5	500	30	1：17	12	12
6	500	1	1：500	3	3
7	500	5	1：100	12	12
8	500	1	1：500	8.2	8.2
9	500	0.5	1：1 000	3.5	3
10	500	1	1：500	6	7.0
11	500	1.5	1：333	9.7	9.5
12	500	1.5	1：333	9.7	9.0
13	500	1	1：500	7	7.8
14	500	1.5	1：333	9.5	9.0
15	500	1	1：500	8	7.0

表 3.21　磷石膏、水泥混合料浆 pH 测定表

组号	磷石膏（含水率 27.6%）/g	水泥/g	水泥：磷石膏	pH 测定结果	
				料浆	泌水
1	400	100	1：4	13.5	13.0
2	400	50	1：8	11.0	11.0
3	400	33.3	1：12	10.0	9.5
4	400	25	1：16	8.0	8.5

磷石膏样品取自湖北大峪口磷矿，测得其 pH 为 3，要使 pH 调至 8 左右，只需要添加 0.1%～0.2% 的生石灰即可。普通硅酸盐水泥料浆呈碱性，水泥：磷石膏 = 1：4、1：8、1：12 的混合料浆的 pH、料浆泌水的 pH 均在 8.5 以上，水泥掺量越少，pH 越小。

2）磷石膏充填材料强度改性

由图 3.14 可知，磷石膏晶粒间隙中总有大量的空洞对强度产生影响，为了充分发挥磷石膏本身的增强作用，需要添加适当的化学复合物质，添加材料的硬化机理主要表现在：外加的增强黏合剂本身对复合材料强度的贡献；添加物与磷石膏间生成的新物质形成强度较高的新物相；磷石膏本身发生转化，形成强度较高的新物相。在这三者作用下，材料内部形成了网状结构，材料骨架中填充了强度较高的物质，从而使整体强度大大增

加。针对以上机理，进行了大量的强度试验。试验考虑在磷石膏中添加以下材料中的一种或几种来进行改性，并达到磷石膏基充填材料的强度指标：尾砂、水泥、石灰、细砂、硅粉、黏土、早强剂、减水剂、粉煤灰、水淬渣、矿渣微粉等。具体试验配比及强度测试结果见第4章。

3.5　本章小结

磷矿山大多地处中高山区，充填材料来源有限，适宜的充填骨料主要有磷尾矿、重选尾泥、浮选尾砂、磷石膏、黄磷渣及采矿过程产生的废石等。有关尾砂、废石作为充填材料的研究成果较多，本章重点进行磷尾矿、尾泥、磷石膏的充填应用研究。

（1）磷尾矿自然级配水平差，总体呈现细粒度、中粒度含量偏少，而粗颗粒含量偏多的特征，不适宜直接作为胶结充填骨料，需添加细集料或通过破碎等手段来改善级配。

（2）选择-3 mm、-5 mm、-8 mm、-10 mm 和-12 mm 的粒度对磷尾矿进行破碎，-3 mm 粒径级配水平最好，-5 mm 粒径级配水平次之。

（3）-3 mm 和-5 mm 粒级颚式破碎尾矿的级配递减系数分别为 0.510 与 0.532，0.3 mm 以下含量分别为 30.68%、19%，20 μm 以下含量分别为 2.797%、1.221%，两者均具有较优的密实度，满足泵送充填级配水平的要求，但后者破碎比能耗与前者相比低 1.106 kW·h/t，具有显著的功耗优势。

（4）-5 mm 粒径辊式破碎尾矿中 0.3 mm 以下含量达到 48.885%，20 μm 以下含量约为 9%，细颗粒含量较颚式破碎有较大提高，但其级配递减系数为 0.248，与混凝土理想级配递减系数（0.5）和砂的限制级配递减系数（0.45）相比，级配递减系数偏小，级配水平较差；-5 mm 粒径冲击式破碎尾矿中 0.3 mm 以下含量为 17.584%，20 μm 以下含量约为 6.00%，级配递减系数为 0.556，级配水平优于颚式破碎和辊式破碎尾矿。

（5）磷石膏是一种颗粒极细的酸性物质，不是理想的充填骨料，若用于充填，需要在物理化学性质上进行改进，使充填参数满足采矿工艺的需要。

（6）磷石膏作为充填骨料的改性主要体现在两个方面：一是物理改性，添加尾砂，改变其粒级组成和颗粒形状。二是化学改性，添加碱性材料，中和磷石膏的酸性，将它转化为一般固体废弃物；添加合理的胶凝材料，互相激发活性，与磷石膏搅拌，固化成型，具有较高的强度。

第 4 章

充填材料配比优化及作用机理

4.1 矿山充填材料配比优化机理

4.1.1 充填材料配比优化原则

充填作业一般可分为三个阶段：充填材料的准备、充填料浆的制备、充填料浆的输送（图 4.1）。其中，充填材料的配比对保证充填料浆的输送性能，提高充填体的力学性能，降低充填成本起着重要的作用。

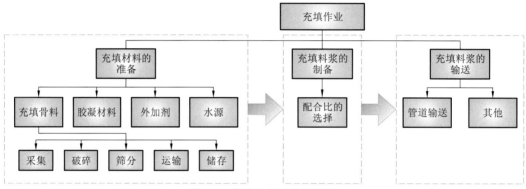

图 4.1　充填作业工艺示意图

影响充填料浆流动性及充填体力学性能的因素众多，如灰砂比、质量分数、外加剂含量、养护条件、养护龄期等，且多呈现复杂的非线性关系。为选择最优的配比方案，最简单的方法是开展全面试验。尽管全面试验能够获得全面试验信息，但该方法对多因素试验而言，往往试验次数多，试验工作量大。

正交试验设计法是一种基于统计学和正交原理的多因素试验设计法，与传统全因子试验法相比具有以下优点：①由于正交试验通过部分具有代表性的试验来分析全部试验，试验次数和成本都大大降低；②所选取的代表性的试验均匀分散、齐整可比，试验效率显著提高；③试验结果可以通过极差法或方差法进行分析，操作简单。采用正交试验设计法进行配比优选试验，不仅能够高效地确定最优配合比，还能够获得充填料浆流动性和充填体力学性能与影响因子的变化规律，具有重要的理论和应用价值。

充填材料配比设计就是合理确定充填体各组成材料的用量比例，由其制备的充填料浆既能满足流动性、强度、耐久性和其他要求，又能确保制备成本经济合理。配比设计主要包括两个步骤：①选择充填体的适宜组分；②确定它们相应的用量（配比），使之尽可能经济地配制出流动性、强度、耐久性合适的充填体。充填膏体配比设计程序如图 4.2所示。通过测试料浆的坍落度和稠度来评价其流动性，通过测试料浆的分层度和泌水率来评价其稳定性（王有团，2015；张宗生，2008），通过测试料浆的 28 d 单轴抗压强度来评价其力学性能。当料浆的坍落度为 22～25 cm，稠度大于 8.0 cm 时能较好地满足充填泵送要求（赵才智，2008）。一般要求料浆的分层度在 1.0～2.0 cm，静置泌水率小于

3%，否则料浆会出现明显的离析和分层现象（邓代强 等，2009）。磷矿多采用嗣后充填，按式（2.11）计算，湖北磷矿 28 d 单轴抗压强度不宜小于 4 MPa（李延杰 等，2017b）。

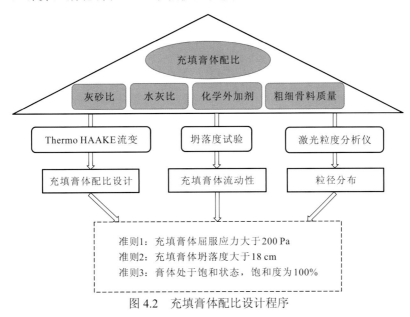

图 4.2　充填膏体配比设计程序

　　胶结充填材料最优配比的确定基于模糊聚类法。模糊聚类理论的分类方法具有模糊性、不确定性，不适用于精确分类。该方法不仅适用于材料不同配比的分类，也可应用于不同材料组合等可以模糊分类的方面。其目的不是找出最优方案，而是在一定的"灰色"基础上，找出不同分类，增加方案的可选择性。随着科学研究的深入，越来越多的胶结充填材料在采矿充填技术中得到利用。不同材料的组合、若干材料的不同配比等增加了充填的可选择性。不同材料的组合和配比可以优选出很多不同的充填方法，但受企业的生产实际、资金、现场条件等因素的影响，在实际的选用方面会存在最优配比不适用的情况，存在从多个适用的充填方法中科学选取的问题。只有确定与最优配比各项指标接近的若干个充填方法后，才能选取最为合适的方法，即确定充填材料配比的分类情况。

4.1.2　主要测试方法

1. 宏观性能测试

1）力学性能测试

受检试件的抗压强度采用轴心受压形式，计算公式为

$$\sigma_c = \frac{P_c}{S_c} \tag{4.1}$$

式中：σ_c 为岩石的单轴抗压强度，MPa；P_c 为破坏荷载，N；S_c 为垂直于加荷方向试样的断面积，mm^2。

2）软化系数测定

软化系数是指充填体试块在饱水状态下的抗压强度与干燥状态下的抗压强度之比，是评价材料耐水性的一项重要参数，反映了材料的工程特性。软化系数的取值范围为0～1，其值越大，表明材料的耐水性越好。软化系数的大小对充填体质量有直接影响，矿山充填体软化系数宜大于0.85。软化系数的计算见式（4.2）：

$$K_d = \frac{\sigma_{cw}}{\sigma_{cd}} \tag{4.2}$$

式中：K_d为试样的软化系数；σ_{cw}为试样饱水抗压强度，MPa；σ_{cd}为试样干抗压强度，MPa。

3）浸出毒性测定

借鉴《固体废物 浸出毒性浸出方法 硫酸硝酸法》（HJ/T 299—2007）、《危险废物鉴别标准 浸出毒性鉴别》（GB 5085.3—2007）对磷石膏原样、磷石膏基材料的浸出毒性进行分析测定。

2. 微观结构测试

1）化学全分析

参照《水泥化学分析方法》（GB/T 176—2017）采用X射线荧光法进行分析，该方法的工作原理为，当试样中的化学元素受到电子、质子、α粒子和离子等加速粒子的激发或受到X射线管、放射性同位素源等发出的高能辐射的激发时，可放射荧光X射线，其强度与样品中该元素的质量分数相关，样品的质量吸收系数与试样的化学组成相关，其强度取决于该原子的质量分数，然后进行化学元素的定性和定量分析。

2）XRD分析

XRD的工作原理是根据晶体对X射线的衍射特征如衍射线的位置、强度及数量来鉴定结晶物质的物相。

3）SEM形貌观察

SEM的工作原理是用电子束在样品表面激发出次级电子，次级电子用探测体收集，然后转变为光信号，再通过转换器控制荧光屏上电子束的强度，从而同步其电子扫描图像。

4）电感耦合等离子体发射光谱仪分析

电感耦合等离子体发射光谱仪（inductively coupled plasma atomic emission spectrometer，ICP-AES）分析的工作原理是首先利用电感耦合等离子体（inductively coupled plasma，ICP）激发光源，使试样蒸发汽化，原子及离子在光源中激发发光，然后利用光谱仪器将光源发射的光分解为按波长排列的光谱，最后利用光电器件检测光谱，按测定得到的光谱波长对试样进行定性分析，按发射光强度进行定量分析。

5）压汞孔径分析

采用压汞法对试样的空隙分布进行测试。压汞法的工作原理是，汞具有对一般固体不润湿的特性，欲使汞进入孔需施加外压，外压越大，汞能进入的孔半径越小。测量不同外压下进入孔中汞的量即可知相应孔的孔体积。

4.2　磷尾矿基充填材料配比优化

4.2.1　磷尾矿基充填材料配比方案

磷尾矿基充填材料的配比考虑八组方案，具体如下。

方案一：破碎磷尾矿（颚式破碎）＋325 复合硅酸盐水泥。

方案二：破碎磷尾矿（颚式破碎）＋粉煤灰 I＋425 普通硅酸盐水泥。

方案三：破碎磷尾矿（颚式破碎）＋粉煤灰 I＋磷石膏＋425 普通硅酸盐水泥。

方案四：破碎磷尾矿（颚式破碎）＋粉煤灰 I＋浮选尾砂＋425 普通硅酸盐水泥。

方案五：破碎磷尾矿（颚式破碎）＋粉煤灰 I＋泵送剂（聚羧酸系、液态）＋425 普通硅酸盐水泥。

方案六：破碎磷尾矿（冲击式破碎）＋粉煤灰 II＋425 普通硅酸盐水泥/325 复合硅酸盐水泥。

方案七：破碎磷尾矿（冲击式破碎）＋粉煤灰 II＋泵送剂（萘系、固态）＋425 普通硅酸盐水泥/325 复合硅酸盐水泥。

方案八：粗磷尾矿＋浮选尾砂＋重选尾泥＋425 普通硅酸盐水泥。

4.2.2　配比试验结果与分析

1. 方案一

充填材料由破碎磷尾矿和水泥组成，分别测定聚合物的抗压强度、坍落度、倒坍落度和稠度，同时，为分析各因素对抗压强度、坍落度、倒坍落度和稠度的影响程度，采用极差分析法对正交试验结果进行分析，结果如表 4.1 所示。分析表 4.1、图 4.3 和图 4.4 的结果可得如下结论。

表 4.1　方案一试验结果分析

项目		灰砂比	料浆质量分数/%	影响程度
3 d 单轴抗压强度 /MPa	K_1	7.822	1.566	
	K_2	3.941	1.754	
	K_3	3.300	2.530	
	K_4	1.990	4.821	灰砂比>料浆质量分数
	K_5	0.950	7.332	
	k_1	1.564	0.313	
	k_2	0.788	0.351	

项目		灰砂比	料浆质量分数/%	影响程度
3 d 单轴抗压强度 /MPa	k_3	0.660	0.506	
	k_4	0.398	0.964	
	k_5	0.190	1.466	灰砂比>料浆质量分数
	极差值 R	1.374	1.153	
	最优水平	1	5	
7 d 单轴抗压强度 /MPa	K_1	13.090	3.890	
	K_2	11.460	5.370	
	K_3	8.920	7.390	
	K_4	6.210	11.080	
	K_5	3.450	15.400	
	k_1	2.618	0.778	料浆质量分数>灰砂比
	k_2	2.292	1.074	
	k_3	1.784	1.478	
	k_4	1.242	2.216	
	k_5	0.690	3.080	
	极差值 R	1.928	2.302	
	最优水平	1	5	
28 d 单轴抗压强度 /MPa	K_1	19.130	6.420	
	K_2	17.550	9.350	
	K_3	14.380	13.700	
	K_4	12.280	17.390	
	K_5	6.570	23.050	
	k_1	3.826	1.284	料浆质量分数>灰砂比
	k_2	3.510	1.870	
	k_3	2.876	2.740	
	k_4	2.456	3.478	
	k_5	1.314	4.610	
	极差值 R	2.512	3.326	
	最优水平	1	5	
坍落度/cm	K_1	106.100	75.300	
	K_2	94.200	82.900	料浆质量分数>灰砂比
	K_3	85.700	87.100	
	K_4	83.200	106.200	

项目		灰砂比	料浆质量分数/%	影响程度
坍落度/cm	K_5	78.700	96.400	料浆质量分数>灰砂比
	k_1	21.220	15.060	
	k_2	18.840	16.580	
	k_3	17.140	17.420	
	k_4	16.640	21.240	
	k_5	15.740	19.280	
	极差值 R	5.480	6.180	
	最优水平	1	4	
倒坍落度/s	K_1	5.310	37.940	灰砂比>料浆质量分数
	K_2	7.500	36.050	
	K_3	73.860	34.590	
	K_4	100.000	18.650	
	K_5	28.280	87.720	
	k_1	1.062	7.588	
	k_2	1.500	7.210	
	k_3	14.772	6.918	
	k_4	20.000	3.730	
	k_5	5.656	17.544	
	极差值 R	18.938	13.814	
	最优水平	1	4	
稠度/cm	K_1	52.900	24.200	料浆质量分数>灰砂比
	K_2	40.500	29.000	
	K_3	38.800	42.900	
	K_4	38.000	52.800	
	K_5	28.500	49.800	
	k_1	10.580	4.840	
	k_2	8.100	5.800	
	k_3	7.760	8.580	
	k_4	7.600	10.560	
	k_5	5.700	9.960	
	极差值 R	4.880	5.720	
	最优水平	1	4	

注：$K_1 \sim K_5$ 为同一水平试验之和；$k_1 \sim k_5$ 为各因素同一水平的均值。

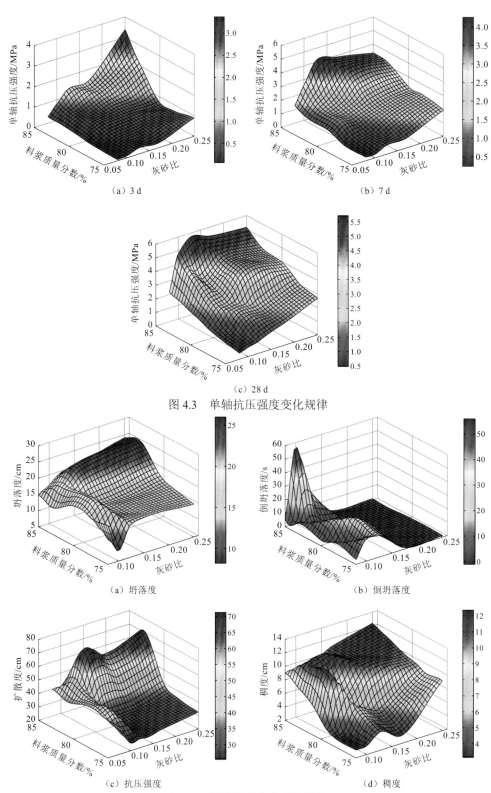

（a）3 d

（b）7 d

（c）28 d

图 4.3　单轴抗压强度变化规律

（a）坍落度

（b）倒坍落度

（c）抗压强度

（d）稠度

图 4.4　料浆流变特性变化规律

（1）当灰砂比小于 0.125 时，料浆和易性较差，泌水、离析和分层严重，且充填体强度偏低，不满足泵送充填的要求；当灰砂比大于等于 0.125，料浆质量分数低于 83% 时，料浆和易性较差，泌水、离析和分层严重。这主要是因为充填骨料中细粒级含量偏少，而且骨料表面粗糙，使得骨料颗粒之间的摩擦力增大，当料浆质量分数和胶砂比较低时，充填料浆的保水性和黏聚性较差，分层离析和泌水现象严重，所以充填料浆的和易性也较差。同时，骨料粒度大，表面粗糙，使得充填体孔隙率较大，进而导致充填体的抗压强度偏低。当料浆质量分数和胶砂比较低时，充填体中的空隙和孔道相应增加，而且胶凝体系产生的水化产物较少，使得充填体无法形成致密的结构，因此充填体的抗压强度也降低。

（2）对于充填体的 3 d 单轴抗压强度，在灰砂比因素影响下，极差值为 1.374，大于在质量分数因素影响下的极差值 1.153，因此灰砂比为最重要的因素，质量分数次之。同理，对于 7 d 单轴抗压强度，料浆质量分数为最重要的因素，灰砂比次之；对于 28 d 单轴抗压强度，料浆质量分数为最重要的因素，灰砂比次之；对于坍落度，料浆质量分数为最重要的因素，灰砂比次之；对于倒坍落度，灰砂比为最重要的因素，料浆质量分数次之；对于稠度，料浆质量分数为最重要的因素，灰砂比次之。

（3）3 d、7 d 和 28 d 单轴抗压强度均随灰砂比和料浆质量分数的增大而增大；坍落度随灰砂比的增大而增大，随料浆质量分数的增大先增后减；倒坍落度随灰砂比的增大先增后减，随料浆质量分数的增大先减后增；稠度随灰砂比的增大而增大，随料浆质量分数的增大先增后减。

（4）对于充填体的 3 d 单轴抗压强度，最优配比方案为灰砂比为 0.25，料浆质量分数为 85%；对于充填体的 7 d 单轴抗压强度，最优配比方案为灰砂比为 0.25，料浆质量分数为 85%；对于充填体的 28 d 单轴抗压强度，最优配比方案为灰砂比为 0.25，料浆质量分数为 85%；对于坍落度，最优配比方案为灰砂比为 0.25，料浆质量分数为 83%；对于倒坍落度，最优配比方案为灰砂比为 0.25，料浆质量分数为 83%；对于稠度，最优配比方案为灰砂比为 0.25，料浆质量分数为 83%。综上，最优配比为灰砂比为 0.25，料浆质量分数大于 83%，但该配比水泥耗量过大，充填成本高，因此，本方案难以满足配比选择原则。

2. 方案二

充填材料由破碎磷尾矿、粉煤灰和水泥组成。经多轮试验后，重点对胶砂比为 0.167，料浆质量分数为 83%，水泥∶粉煤灰为 5∶5 和 7∶3 的配比进行研究，试验结果如表 4.2 所示。由表 4.2 可知，胶砂比为 0.167，料浆质量分数为 83%，水泥∶粉煤灰为 5∶5 的料浆和易性较好，但其分层度和泌水率仍然偏高，且其 28 d 单轴抗压强度无法达到 4.4 MPa，为此，适当调整该配比方案，拟降低料浆分层度和泌水率，并提高充填体的 28 d 单轴抗压强度。试验设计在胶砂比为 0.167，质量分数为 83%，水泥∶粉煤灰为 5∶5 的基础上，以 20 kg/m³ 的梯度增加粉煤灰的含量，试验结果如表 4.3 所示。

由表 4.3 可得，当粉煤灰添加量增加 20 kg 时，料浆坍落度大于 25 cm，分层度小于 2 cm，泌水率约为 5%，满足远距离泵送要求，该配比料浆如图 4.5 所示，且该配比下充填体的 28 d 单轴抗压强度为 4.535 MPa，大于充填体强度设计值 4.4 MPa。因此，方案二推荐的配比为水泥：粉煤灰：尾矿：水 = 125 kg/m³：145 kg/m³：1 500 kg/m³：358 kg/m³。

表 4.2　方案二试验结果

编号	胶砂比	料浆质量分数/%	水泥：粉煤灰	坍落度/cm	分层度/cm	泌水率/%	单轴抗压强度/MPa		
							3 d	7 d	28 d
FTII-1	0.25	83	5：5	27.4	5.9	6.008	3.547	6.728	8.536
FTII-2	0.20	83	7：3	28.3	5.4	6.349	3.881	6.396	8.709
FTII-3	0.167	83	5：5	28.9	3.7	6.776	1.807	3.321	4.201
FTII-4	0.167	83	7：3	28.4	4.2	9.112	2.515	4.727	5.728
FTIII-1	0.167	84	7：3	26.3	3.7	8.754	3.495	5.902	7.469
FTIV-1	0.167	84	5：5	26.3	5.6	2.654	3.361	4.048	—

表 4.3　不同粉煤灰含量试验结果

编号	水泥/(kg/m³)	粉煤灰/(kg/m³)	尾矿/(kg/m³)	用水量/(kg/m³)	坍落度/cm	分层度/cm	泌水率/%	单轴抗压强度/MPa		
								3 d	7 d	28 d
FTV-1	125	145	1500	358	28.1	1.6	5.046	2.021	3.548	4.535
FTV-2	125	165	1500	358	28.0	2.2	3.349	2.254	3.568	4.255
FTV-3	125	185	1500	358	27.6	4.1	4.611	1.854	3.401	3.994

图 4.5　方案二最优配比料浆

3. 方案三

充填材料由破碎磷尾矿、粉煤灰、磷石膏和水泥组成。试验结果见表 4.4。

表 4.4　方案三试验结果

编　号	胶砂比	料浆质量分数/%	水泥：粉煤灰	破碎磷尾矿：磷石膏	坍落度/cm	分层度/cm	泌水率/%	单轴抗压强度/MPa		
								3 d	7 d	28 d
FAG-1	0.25	78	7：3	7：3	26.8	2.8	5.57	0.386	1.787	3.681
FAG-2	0.25	80	5：5	6：4	26.6	6.3	3.20	0.474	0.926	1.486
FAG-3	0.25	81	3：7	5：5	26.0	2.6	2.91	0.106	0.254	0.220
FAG-4	0.167	78	5：5	5：5	27.9	3.5	7.94	0.040	0.126	0.080
FAG-5	0.167	80	3：7	7：3	26.5	5.9	7.97	0.080	0.140	0.086
FAG-6	0.167	81	7：3	6：4	28.8	5.7	3.75	0.566	0.920	1.460
FAG-7	0.125	80	7：3	5：5	27.5	5.6	7.11	0.254	0.506	0.754

由试验结果可见，添加磷石膏以后，充填体强度偏低，28 d 单轴抗压强度最高不到 4.0 MPa，且部分试块出现强度衰减的现象，表明磷石膏对充填体的安定性存在不良影响，其主要原因是磷石膏中的 P_2O_5 阻碍了 AFm、C_2S 和 C_4AF 的水化，同时，大量的 P_2O_5 夺取 C_2S 中的 Ca 形成 C_3P，C_3P 与 C_2S 形成固溶体 C_2S-C_3P，该固溶体中 P_2O_5 过多而使形成的固溶体为 α 固溶体，进而导致充填体后期强度降低。根据充填材料配比选择原则，掺有磷石膏的胶结充填体的强度普遍偏低，且其安定性不良，难以满足充填工艺要求，故磷石膏不适宜直接作为充填骨料。

4. 方案四

充填材料由破碎磷尾矿、粉煤灰、浮选尾砂和水泥组成，试验结果如表 4.5 所示。

表 4.5　方案四试验结果

编号	胶砂比	料浆质量分数/%	水泥：粉煤灰	破碎磷尾矿：浮选尾砂	坍落度/cm	分层度/cm	泌水率/%	单轴抗压强度/MPa		
								3 d	7 d	28 d
FAP-1	0.25	78	7：3	7：3	28.7	0.1	3.57	2.041	4.615	6.056
FAP-2	0.25	80	5：5	6：4	26.8	0.3	1.05	2.101	4.327	5.602
FAP-3	0.25	81	3：7	5：5	25.3	1.2	0.76	1.320	3.141	2.827
FAP-4	0.167	78	5：5	5：5	27.3	0.5	1.34	0.600	1.574	1.590
FAP-5	0.167	80	3：7	7：3	27.1	0.5	4.06	0.620	1.360	0.894
FAP-6	0.167	81	7：3	6：4	27.9	0.3	4.00	1.320	2.807	2.921
FAP-7	0.125	78	3：7	6：4	27.8	0.3	4.55	0.240	0.600	0.334
FAP-8	0.125	80	7：3	5：5	27.9	0.3	5.63	0.766	1.466	1.787
FAP-9	0.125	81	5：5	7：3	27.9	0.9	1.49	0.426	1.234	1.260

结果表明,当胶砂比小于 0.25 时,充填体强度均低于 3 MPa,且有部分充填体的后期强度出现衰减的现象,因此,添加浮选尾砂时,胶砂比应高于 0.25。此外,添加浮选尾砂后,料浆和易性明显改善,其分层度和泌水率均较低,有利于远距离泵送。根据配比选择原则,推荐的最优配比为胶砂比为 0.25,料浆质量分数为 80%,水泥:粉煤灰 = 5:5,破碎磷尾矿:浮选尾砂 = 6:4。

5. 方案五

充填材料由破碎磷尾矿、水泥、粉煤灰和泵送剂组成,泵送剂含量取 0.3%、0.5% 和 0.8%。试验结果见表 4.6。胶砂比、料浆质量分数、水泥:粉煤灰和泵送剂含量对聚合物的单轴抗压强度、坍落度、分层度、泌水率的影响见图 4.6~图 4.9。

表 4.6　方案五试验结果(Ⅰ)

编号	胶砂比	料浆质量分数/%	水泥:粉煤灰	泵送剂/%	坍落度/cm	分层度/cm	泌水率/%	单轴抗压强度/MPa		
								3 d	7 d	28 d
FAI-1	0.25	81	5:5	0.3	25.0	3.2	7.12	2.255	5.122	5.116
FAI-2	0.25	83	6:4	0.5	26.1	4.6	5.78	3.295	7.322	7.988
FAI-3	0.25	85	7:3	0.8	25.8	1.9	4.66	6.188	11.664	12.790
FAI-4	0.20	81	6:4	0.8	21.8	3.2	9.21	2.415	5.108	5.536
FAI-5	0.20	83	7:3	0.3	25.1	7.0	7.22	3.055	6.316	6.902
FAI-6	0.20	85	5:5	0.5	22.8	4.4	5.77	3.407	6.996	6.962
FAI-7	0.167	81	7:3	0.5	23.9	4.7	6.83	2.621	4.321	5.116
FAI-8	0.167	83	5:5	0.8	25.7	3.9	7.67	2.455	5.116	4.907
FAI-9	0.167	85	6:4	0.3	23.5	5.3	4.94	2.521	5.188	5.162

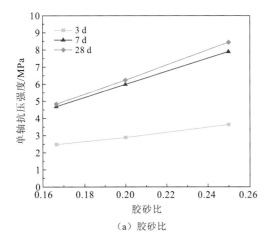

(a)胶砂比

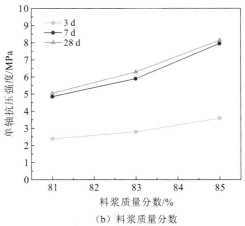

(b)料浆质量分数

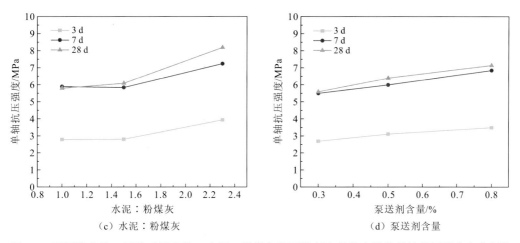

图 4.6　不同胶砂比、料浆质量分数、水泥：粉煤灰和泵送剂含量的充填体单轴抗压强度变化规律

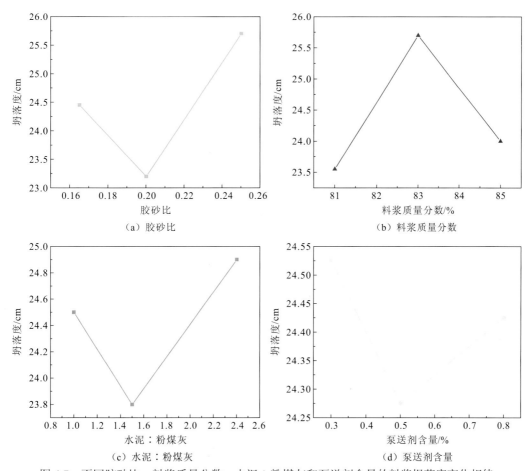

图 4.7　不同胶砂比、料浆质量分数、水泥：粉煤灰和泵送剂含量的料浆坍落度变化规律

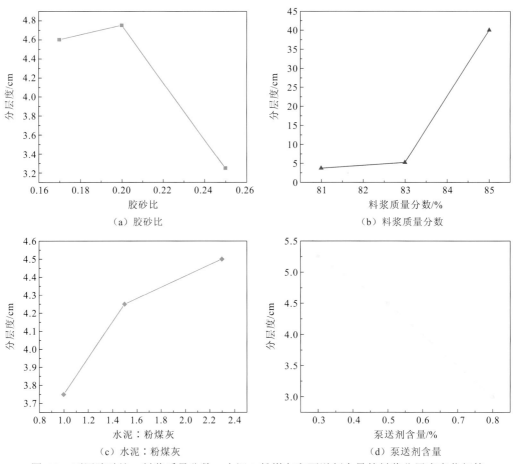

图4.8 不同胶砂比、料浆质量分数、水泥∶粉煤灰和泵送剂含量的料浆分层度变化规律

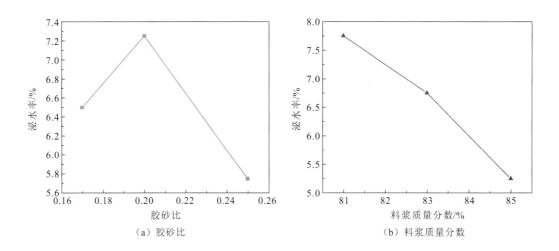

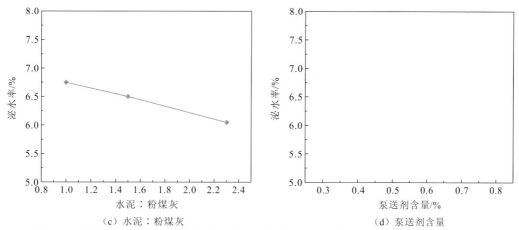

图 4.9　不同胶砂比、料浆质量分数、水泥∶粉煤灰和泵送剂含量的料浆泌水率变化规律

综上可得以下结论：

（1）充填体 3 d、7 d 和 28 d 单轴抗压强度均随胶砂比、料浆质量分数、水泥∶粉煤灰和泵送剂含量的增大而增大，对于 3 d 单轴抗压强度，影响程度排序为料浆质量分数>胶砂比>水泥∶粉煤灰>泵送剂含量；对于 7 d 单轴抗压强度，影响程度排序为胶砂比>料浆质量分数>泵送剂含量>水泥∶粉煤灰；对于 28 d 单轴抗压强度，影响程度排序为胶砂比>料浆质量分数>水泥∶粉煤灰>泵送剂含量；3 d、7 d 和 28 d 单轴抗压强度最优水平组合均为胶砂比为 0.25，料浆质量分数为 85%，水泥∶粉煤灰为 7∶3，泵送剂含量为 0.8%。

（2）料浆坍落度均随胶砂比、水泥∶粉煤灰和泵送剂含量的增大先减后增，随料浆质量分数的增大先增后减，其影响程度排序为胶砂比>料浆质量分数>水泥∶粉煤灰>泵送剂含量；分层度随胶砂比的增大先增后减，随料浆质量分数的增大而增大，随水泥∶粉煤灰的增大而增大，随泵送剂含量的增大而减小，其影响程度排序为泵送剂含量>胶砂比>料浆质量分数>水泥∶粉煤灰；泌水率随胶砂比的增大先增后减，随料浆质量分数和水泥∶粉煤灰的增大而减小，随泵送剂含量的增大先减后增，其影响程度排序为料浆质量分数>胶砂比>泵送剂含量>水泥∶粉煤灰。

（3）坍落度最优水平组合为胶砂比为 0.25，料浆质量分数为 83%，水泥∶粉煤灰为 7∶3，泵送剂含量为 0.3%；倒坍落度最优水平组合为胶砂比为 0.25，料浆质量分数为 83%，水泥∶粉煤灰为 5∶5，泵送剂含量为 0.3%；稠度最优水平组合为胶砂比为 0.25，料浆质量分数为 83%，水泥∶粉煤灰为 7∶3，泵送剂含量为 0.3%；扩散度最优水平组合为胶砂比为 0.167，料浆质量分数为 81%，水泥∶粉煤灰为 7∶3，泵送剂含量为 0.3%；分层度最优水平组合为胶砂比为 0.25，料浆质量分数为 81%，水泥∶粉煤灰为 5∶5，泵送剂含量为 0.8%；泌水率最优水平组合为胶砂比为 0.25，料浆质量分数为 85%，水泥∶粉煤灰为 7∶3，泵送剂含量为 0.5%。

经过料浆质量分数和泵送剂含量的调整后，料浆和易性得到显著改善，但仍难以符合配比选择原则，为此，根据以上试验结论，对试验方案进行调整，胶砂比主要考虑 0.20 和 0.167，料浆质量分数取 85%～86%，水泥∶粉煤灰取 5∶5 和 7∶3，泵送剂含量取 1%～

1.5%。将料浆质量分数提高到 86% 以后，虽然料浆分层和泌水得到改善，但料浆流动性降低。根据配比选择原则，胶砂比为 0.20，料浆质量分数为 85.5%，水泥∶粉煤灰为 5∶5，泵送剂含量为 1% 的料浆性能较好，但料浆稠度偏低，泌水率偏大。为了增大料浆稠度，降低泌水率，对该配比方案进行适当调整，即在该配比方案的基础上，以 20 kg/m³ 的梯度增加粉煤灰含量。当粉煤灰增加 20 kg/m³ 时，料浆和易性及充填体强度满足配比选择原则。调整后的试验结果见表 4.7。本方案推荐的配比为水泥∶粉煤灰∶尾矿∶泵送剂∶水 = 150 kg/m³∶170 kg/m³∶1500 kg/m³∶3 kg/m³∶303 kg/m³，该配比料浆如图 4.10 所示。

表 4.7 方案五试验结果（Ⅱ）

编号	水泥/(kg/m³)	粉煤灰/(kg/m³)	尾矿料/(kg/m³)	泵送剂/(kg/m³)	用水量/(kg/m³)	坍落度/cm	分层度/cm	泌水率/%	单轴抗压强度/MPa		
									3 d	7 d	28 d
PAV-1	150	170	1500	3	303	27.6	1.37	3.998	4.635	8.569	10.403
PAV-2	150	190	1500	3	303	26.3	1.38	3.578	4.421	7.482	11.637
PAV-3	150	210	1500	3	303	26.4	2.62	4.757	4.068	7.189	10.236

图 4.10 方案五最优配比料浆

6. 方案六

试验充填材料为破碎磷尾矿、水泥、粉煤灰，其中破碎磷尾矿为-5 mm 冲击式破碎细尾矿，水泥为林峰牌水泥（P.O.42.5），粉煤灰为二次取样粉煤灰。经过多轮试验，推荐的配比方案为水泥∶粉煤灰∶尾矿∶水 = 185 kg/m³∶145 kg/m³∶1500 kg/m³∶358 kg/m³，该配比料浆如图 4.11 所示。

7. 方案七

试验充填材料为破碎磷尾矿、水泥、粉煤灰和泵送剂，其中，破碎磷尾矿为-5 mm 冲击式破碎细尾矿，水泥为林峰牌水泥（P.O.42.5/P.C.32.5），粉煤灰为二次取样粉煤灰，泵送剂为粉末状缓凝高效泵送减水剂（萘系）。测试结果见表 4.8。

图 4.11　方案六最优配比料浆

表 4.8　方案七试验结果

编号	胶砂比	料浆质量分数/%	水泥：粉煤灰	泵送剂/%	坍落度/cm	稠度/cm	分层度/cm	泌水率/%	28 d 单轴抗压强度/MPa
FAB-1	0.25	81	5：5	0.5	25.03	10.98	1.34	1.45	5.116
FAB-2	0.25	83	6：4	1.0	25.16	10.91	1.30	1.97	7.988
FAB-3	0.25	85	7：3	1.5	24.41	10.93	0.96	1.99	12.790
FAB-4	0.20	81	6：4	1.5	25.98	12.05	1.34	3.25	5.536
FAB-5	0.20	83	7：3	0.5	23.37	10.07	2.13	2.38	6.902
FAB-6	0.20	85	5：5	1.0	22.25	9.08	0.76	0.91	6.962
FAB-7	0.167	81	7：3	1.0	23.37	10.43	2.08	3.17	5.116
FAB-8	0.167	83	5：5	1.5	22.13	9.51	0.98	2.63	4.907
FAB-9	0.167	85	6：4	0.5	21.64	8.32	1.97	2.01	5.162

试验结果分析：

（1）影响充填料浆流动性的主要因素为胶砂比和料浆质量分数。料浆流动性随灰砂比的减小而降低，随料浆质量分数的增大而降低；随水泥：粉煤灰的增大而降低，随泵送剂掺量的增大而提高。

（2）胶砂比、料浆质量分数、水泥：粉煤灰和泵送剂掺量对料浆稳定性都有显著影响。料浆稳定性随灰砂比的减小而降低，随料浆质量分数的增大而提高，随水泥：粉煤灰的增大而降低，随泵送剂掺量的增大而提高。

（3）各因素对充填材料单轴抗压强度都有显著的影响，其中灰砂比和料浆质量分数对充填体单轴抗压强度影响较大。充填材料 28 d 单轴抗压强度随灰砂比的减小而减小，随料浆质量分数的提高而提高，随水泥：粉煤灰的增大而增大，随泵送剂掺量的增大而增大。

（4）在能满足所有试验要求的材料性能的参数中，成本最低的是灰砂比为 0.25，料浆质量分数为 85%，水泥：粉煤灰为 5：5，泵送剂掺量为 1.0%，其中水泥为 P.O.42.5 或 P.C.32.5。该配比料浆如图 4.12 所示。

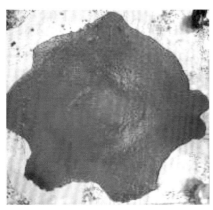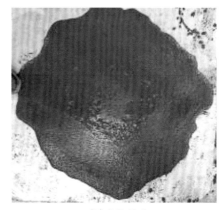

（a）P.C.32.5 　　　　　　　　　　　　　（b）P.O.42.5

图 4.12　方案七最优配比料浆

8. 方案八

试验充填材料为粗磷尾矿、浮选尾砂、重选尾泥、425 普通硅酸盐水泥等，粗磷尾矿被作为粗骨料，浮选尾砂与重选尾泥被作为细骨料，水泥被作为胶结剂。试验设计方案见表 4.9（李延杰，2018）。测试结果见表 4.10。图 4.13～图 4.16 分别为料浆坍落度、稠度、分层度和泌水率随浮选尾砂与重选尾泥掺量及其比值的变化趋势图。图 4.17～图 4.19 分别为浮选尾砂、重选尾泥及其比值对试样单轴抗压强度的影响趋势。

表 4.9　试验设计方案

试样编号	固体质量分数/%	水泥 [a]/%	浮选尾砂 [b]/%	重选尾泥 [c]/%	粗磷尾矿 [d]/%
M-0	80	7	0	0	93
F-1	80	7	10	0	83
F-2	80	7	20	0	73
F-3	80	7	30	0	63
F-4	80	7	40	0	53
F-5	80	7	50	0	43
W-1	80	7	0	10	83
W-2	80	7	0	20	73
W-3	80	7	0	30	63
W-4	80	7	0	40	53
W-5	80	7	0	50	43
M-1	80	7	30	10	53
M-2	80	7	20	20	53
M-3	80	7	10	30	53

注：a、b、c、d 表示所标注原材料用量为固体总质量所占比例，而不是料浆总质量的比例。

表 4.10 料浆流动性与稳定性试验结果

试样编号	坍落度/mm	稠度/cm	分层度/cm	泌水率/%	单轴抗压强度/MPa					
					3 d	7 d	28 d	60 d	90 d	120 d
M-0	157	2.80	3.10	10.38	0.82	1.20	1.62	1.92	2.25	2.40
F-1	186	5.90	3.50	23.80	1.04	1.45	1.95	2.45	2.95	3.33
F-2	245	11.15	4.15	19.58	1.22	1.65	2.33	2.99	3.51	3.91
F-3	269	12.30	3.55	9.58	1.49	1.90	2.85	3.47	3.99	4.45
F-4	263	11.70	2.10	6.90	1.54	2.25	3.15	3.63	4.12	4.62
F-5	211	8.28	1.68	3.36	1.68	2.36	3.23	3.77	4.29	4.73
W-1	165	10.15	4.05	12.86	0.87	1.34	1.77	2.30	2.69	2.93
W-2	210	10.90	3.10	9.30	1.09	1.43	1.87	2.68	3.11	3.50
W-3	255	9.70	1.20	2.95	1.36	1.92	2.50	3.07	3.25	3.69
W-4	168	8.20	0.70	0.57	1.37	2.00	2.83	3.28	3.64	3.82
W-5	58	5.00	1.68	0.24	1.37	1.81	2.52	3.06	3.29	3.56
M-1	249	10.98	1.48	4.93	1.50	2.15	3.06	3.55	4.01	4.39
M-2	230	10.40	1.40	3.67	1.46	2.11	3.03	3.44	3.95	4.28
M-3	205	9.65	1.00	1.91	1.40	2.09	2.91	3.32	3.80	4.03

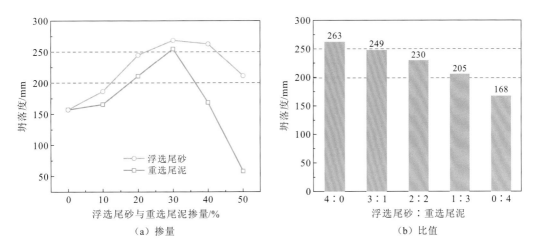

图 4.13 浮选尾砂、重选尾泥掺量及其比值对料浆坍落度的影响趋势图

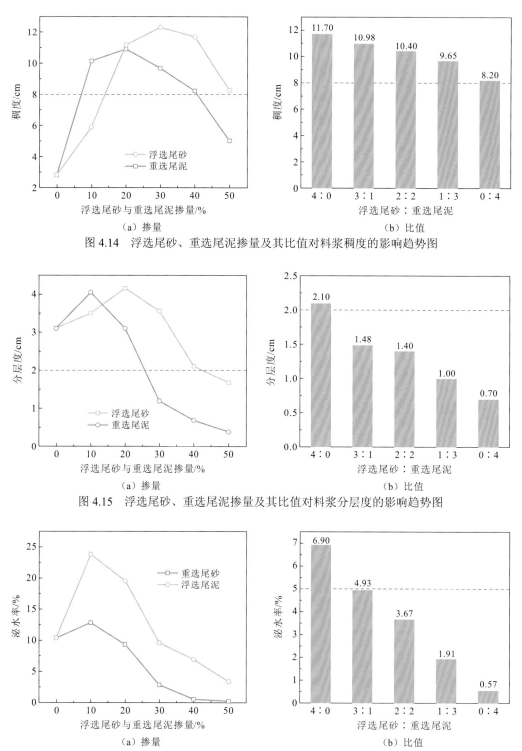

图 4.14　浮选尾砂、重选尾泥掺量及其比值对料浆稠度的影响趋势图

图 4.15　浮选尾砂、重选尾泥掺量及其比值对料浆分层度的影响趋势图

图 4.16　浮选尾砂、重选尾泥掺量及其比值对料浆泌水率的影响趋势图

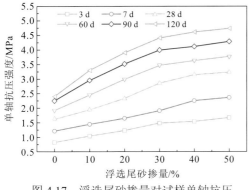

图 4.17　浮选尾砂掺量对试样单轴抗压
强度的影响趋势

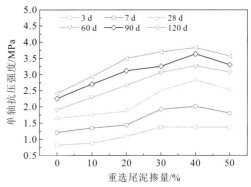

图 4.18　重选尾泥掺量对试样单轴抗压
强度的影响趋势

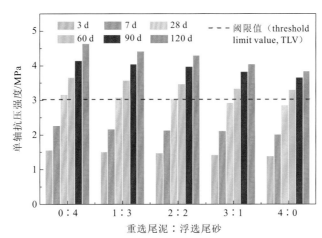

图 4.19　重选尾泥与浮选尾砂的比值对试样单轴抗压强度的影响趋势

通过分析试验结果可知：

（1）以坍落度与稠度为料浆流动性评价指标，由图 4.13、图 4.14 可知，当浮选尾砂与重选尾泥的掺量为 0～50%时，均能提高粗磷尾矿膏体料浆的流动性，其中两者掺量为 30%时，流动性表现均为最佳；大于 30%时，对流动性的提升效果开始下降。在两者掺量相同的情况下，浮选尾砂对膏体料浆流动性的提升效果优于重选尾泥。

（2）以分层度与泌水率为料浆稳定性评价指标，由图 4.15、图 4.16 可知，当浮选尾砂与重选尾泥的掺量少于 30%时，不能提高甚至会降低粗磷尾矿膏体料浆的稳定性；当浮选尾砂与重选尾泥的掺量为 30%～50%时，会提高膏体料浆的稳定性。在两者掺量相同的情况下，重选尾泥对膏体料浆稳定性的提升效果优于浮选尾砂。

（3）膏体料浆流动性提高是因为浮选尾砂与重选尾泥中细颗粒数量增多，其"滚珠效应"增强，即在骨料运动时，细骨料的存在减少了粗骨料间的直接接触，从而减小了粗骨料间的摩擦（Zhang et al，2016）。膏体料浆稳定性提高是因为浮选尾砂与重选尾泥的添加使膏体保水能力增强。吸附在颗粒表面的水量体现了颗粒的保水性能，且这种吸附作用是物理吸附和化学吸附综合作用的结果。保水能力越强，料浆越稳定。浮选尾砂和重选尾泥对膏体料浆流动性与稳定性影响效果的差异源于其保水能力的差异。

（4）当浮选尾砂与重选尾泥总掺量固定在 40%，其比值为 3∶1、2∶2 及 1∶3 时，可满足膏体充填材料对流动性与稳定性各指标的要求。

（5）在试验范围内，即浮选尾砂掺量为 0～50%时，用浮选尾砂部分替代粗磷尾矿有助于提高充填体试样各期龄的单轴抗压强度，且不会造成长期力学性能的衰减。当浮选尾砂掺量为 50%时，其 28 d 与 120 d 单轴抗压强度有近一倍的增长。在试验范围内，即重选尾泥掺量为 0～50%时，用浮选尾砂部分替代粗磷尾矿有助于提高充填试样各期龄的单抽抗压强度，但是当重选尾泥掺量超过 40%时，其单轴抗压强度的提升效果减弱。同时，重选尾泥的添加也不会造成长期力学性能的衰减。重选尾泥掺量在 40%时，对单轴抗压强度的提升效果最佳，其 28 d 单轴抗压强度可提升 74.94%，120 d 单轴抗压强度可提升 59.75%。浮选尾砂对力学强度的提升效果优于重选尾泥。

（6）保持细骨料占固体总质量的 40%，按质量之比为 1∶3 和 2∶2 混合添加浮选尾砂与重选尾泥所制备的试样满足实际应用中对粗磷尾矿膏体充填材料强度的要求。

（7）通过数据的对比分析发现，浮选尾砂与重选尾泥通过改变骨料超细颗粒含量、粒级组成特征参数、堆积密实度及料浆泌水率来影响粗磷尾矿膏体充填材料的力学强度。

（8）利用因子分析对各影响因素进行归纳得出，浮选尾砂与重选尾泥主要通过改变骨料的密实程度和保水能力来影响粗磷尾矿膏体充填材料的力学强度，其中骨料密实程度起主导作用。

4.3　磷石膏基充填材料配比优化

4.3.1　磷石膏基充填材料配比试验方案

磷石膏基充填材料配比试验考虑了多个因素：一是磷石膏作为主要充填骨料在充填料中所占的比例；二是尾砂作为骨料在充填料中所占的比例；三是胶凝材料的种类；四是胶凝材料在整个充填料中所占的比例；五是充填体养护龄期；六是其他添加剂的种类及掺量。磷石膏基充填材料配比考虑了如下方案。

方案一：磷石膏＋325 普通硅酸盐水泥。

方案二：磷石膏＋425 普通硅酸盐水泥。

方案三：磷石膏＋325 矿渣水泥。

方案四：磷石膏＋尾砂＋325 普通硅酸盐水泥。

方案五：磷石膏＋尾砂＋425 普通硅酸盐水泥。

方案六：磷石膏＋尾砂＋325 矿渣水泥。

方案七：磷石膏＋325 普通硅酸盐水泥＋S95 级矿渣微粉。

方案八：磷石膏＋尾砂＋325 普通硅酸盐水泥＋S95 级矿渣微粉。

方案九：磷石膏＋尾砂＋硅酸盐水泥熟料＋S95 级矿渣微粉。

4.3.2　充填体配比试验结果

1. 方案一

磷石膏＋325普通硅酸盐水泥胶结充填配比试验结果见表4.11。

表 4.11　磷石膏＋325普通硅酸盐水泥胶结充填配比试验结果表

充填材料与掺量/%		料浆质量分数/%	充填体试块最大单轴抗压强度/MPa				安定性	28 d 软化系数
磷石膏	325 普通硅酸盐水泥		3 d	7 d	14 d	28 d		
70	30	62	0.26	0.78	1.42	2.30	合格	0.86
70	30	59	0.16	0.58	1.12	2.00	合格	0.85
80	20	62	0.02	0.14	0.32	0.46	合格	0.88
90	10	62	0.00	0.06	0.18	0.10	合格	0.77

2. 方案二

磷石膏＋425普通硅酸盐水泥胶结充填配比试验结果见表4.12。

表 4.12　磷石膏＋425普通硅酸盐水泥胶结充填配比试验结果表

充填材料与掺量/%		料浆质量分数/%	充填体试块最大单轴抗压强度/MPa				安定性	28 d 软化系数
磷石膏	425 普通硅酸盐水泥		3 d	7 d	14 d	28 d		
70	30	62	0.64	1.74	2.18	3.16	合格	0.96
80	20	62	0.26	0.68	1.14	1.42	合格	0.97
90	10	62	0.04	0.18	0.38	0.46	合格	0.78

3. 方案三

磷石膏＋325矿渣水泥胶结充填配比试验结果见表4.13。

表 4.13　磷石膏＋325矿渣水泥胶结充填配比试验结果表

充填材料与掺量/%		料浆质量分数/%	充填体试块最大单轴抗压强度/MPa				安定性	28 d 软化系数
磷石膏	325 矿渣水泥		3 d	7 d	14 d	28 d		
70	30	62	0.44	1.16	1.98	2.38	合格	0.97
80	20	62	0.16	0.50	0.94	1.20	合格	0.85
90	10	62	0.02	0.06	0.26	0.28	合格	0.74

4. 方案四

磷石膏＋尾砂＋325 普通硅酸盐水泥胶结充填配比试验结果见表 4.14。

表 4.14　磷石膏＋尾砂＋325 普通硅酸盐水泥胶结充填配比试验结果表

充填材料与掺量/%			料浆质量分数/%	充填体试块最大单轴抗压强度/MPa				安定性	28 d 软化系数
磷石膏	尾砂	325 普通硅酸盐水泥		3 d	7 d	14 d	28 d		
40	40	20	63	0.22	0.26	0.45	0.60	合格	0.92
60	20	20	63	0.08	0.18	0.34	0.50	合格	0.90
80	0	20	62	0.04	0.14	0.26	0.46	合格	0.92
0	80	20	64	0.30	0.42	1.08	1.60	合格	0.86

5. 方案五

磷石膏＋尾砂＋425 普通硅酸盐水泥胶结充填配比试验结果见表 4.15。

表 4.15　磷石膏＋尾砂＋425 普通硅酸盐水泥胶结充填配比试验结果表

充填材料与掺量/%			料浆质量分数/%	充填体试块最大单轴抗压强度/MPa				安定性	28 d 软化系数
磷石膏	尾砂	425 普通硅酸盐水泥		3 d	7 d	14 d	28 d		
40	30	30	63	0.64	1.20	1.86	2.16	合格	0.94
50	30	20	63	0.26	0.58	0.78	1.02	合格	0.86
60	30	10	63	0.06	0.18	0.26	0.28	合格	0.64

6. 方案六

磷石膏＋尾砂＋325 矿渣水泥胶结充填配比试验结果见表 4.16。

表 4.16　磷石膏＋尾砂＋325 矿渣水泥胶结充填配比试验结果表

充填材料与掺量/%			料浆质量分数/%	充填体试块最大单轴抗压强度/MPa				安定性	28 d 软化系数
磷石膏	尾砂	325 矿渣水泥		3 d	7 d	14 d	28 d		
40	30	30	63	0.52	1.18	1.68	1.98	合格	0.88
50	30	20	63	0.16	0.54	0.70	0.94	合格	0.87
60	30	10	63	0.03	0.16	0.30	0.34	合格	0.73

7. 方案七

磷石膏＋325 普通硅酸盐水泥＋矿渣微粉胶结充填配比试验结果见表 4.17。

表 4.17　磷石膏＋325 普通硅酸盐水泥＋矿渣微粉胶结充填配比试验结果表

充填材料与掺量/%			料浆质量分数/%	充填体试块最大单轴抗压强度/MPa				安定性	28 d 软化系数
磷石膏	矿渣微粉	325 普通硅酸盐水泥		3 d	7 d	14 d	28 d		
74	20	6	62	0.08	1.06	3.28	5.62	合格	0.90
82	8	10	62	0.00	0.02	2.03	3.06	合格	0.94
70	20	10	62	0.36	2.28	3.61	5.42	合格	0.89
86	8	6	62	0.00	0.02	1.92	2.78	合格	0.89

8. 方案八

磷石膏＋尾砂＋325 普通硅酸盐水泥＋矿渣微粉胶结充填配比试验结果见表 4.18。

表 4.18　磷石膏＋尾砂＋325 普通硅酸盐水泥＋矿渣微粉胶结充填配比试验结果表

充填材料与掺量/%				料浆质量分数/%	充填体试块最大单轴抗压强度/MPa				安定性	28 d 软化系数
磷石膏	尾砂	矿渣微粉	325 普通硅酸盐水泥		3 d	7 d	14 d	28 d		
44	30	20	6	63	0.08	2.48	4.32	6.02	合格	0.98
52	30	8	10	63	0.12	0.26	2.18	3.30	合格	0.96
55	15	20	10	63	0.26	2.18	4.45	6.78	合格	0.89
71	15	8	6	63	0.00	0.02	2.35	3.58	合格	0.90

9. 方案九

磷石膏＋尾砂＋硅酸盐水泥熟料＋矿渣微粉胶结充填配比试验结果见表 4.19。

表 4.19　磷石膏＋尾砂＋硅酸盐水泥熟料＋矿渣微粉胶结充填配比试验结果表

充填材料与掺量/%				料浆质量分数/%	充填体试块最大单轴抗压强度/MPa				安定性	28 d 软化系数
磷石膏	尾砂	矿渣微粉	硅酸盐水泥熟料		3 d	7 d	14 d	28 d		
44	30	20	6	63	0.04	3.80	5.04	6.42	合格	0.99
52	30	8	10	63	0.18	0.74	1.36	2.10	合格	0.97
55	15	20	10	63	0.36	3.02	4.28	6.40	合格	0.98
71	15	8	6	63	0.04	0.24	1.48	2.90	合格	0.86

4.3.3　配比试验结果与分析

一系列的充填体试块配比试验结果表明,磷石膏＋325普通硅酸盐水泥制作的试块各龄期强度值偏低,充填体试块28 d单轴抗压强度值要达到2 MPa,胶结料掺量要达到30%以上,从充填成本来说,是不可取的,一般矿山充填胶结料掺量应控制在20%以内。

磷石膏、尾砂、325矿渣水泥、425普通硅酸盐水泥配比试验结果表明,磷石膏＋325矿渣水泥制作的试块与磷石膏＋425普通硅酸盐水泥制作的试块的各龄期强度值相当,充填体试块28 d单轴抗压强度值要达到2 MPa,胶结料掺量要达到20%以上,需要说明的是,据厂家提供的信息,试验所用的325矿渣水泥中矿渣掺量只有10%～20%,从后续加入矿渣微粉后的强度结果可以断定的是,随着矿渣微粉掺量的提高,磷石膏＋325矿渣水泥制作的充填体试块的强度值可以得到较大幅度的提高。

磷石膏、尾砂、硅酸盐水泥熟料、325普通硅酸盐水泥、矿渣微粉配比试验结果表明,加入了矿渣微粉后,磷石膏＋325普通硅酸盐水泥＋矿渣微粉各龄期强度值明显得到改善,充填骨料(磷石膏＋尾砂)∶胶结料(水泥＋矿渣微粉或硅酸盐水泥熟料＋矿渣微粉)＝4∶1的充填体试块的28 d单轴抗压强度值可达到2 MPa,且安定性检验合格,28 d软化系数达到8.5以上。

添加部分尾砂作为充填骨料,充填体强度略有提高,从表4.14中数据来看,添加20%～40%的尾砂,充填体试块14 d单轴抗压强度由0.26 MPa提高至0.38 MPa,28 d单轴抗压强度由0.46 MPa提高至0.6 MPa;尾砂∶325普通硅酸盐水泥＝4∶1的充填体试块的28 d单轴抗压强度达到1.6 MPa;可以预计,在以磷石膏为主的充填骨料中添加部分尾砂,充填体强度可以提高15%～25%。

用矿渣水泥制作的试块要比采用325普通硅酸盐水泥制作的试块的各龄期强度值大得多,如同等配比条件下,磷石膏∶325普通硅酸盐水泥＝4∶1的充填体试块的28 d单轴抗压强度仅为0.46 MPa,磷石膏∶325矿渣水泥＝4∶1的充填体试块的28 d单轴抗压强度达到1.2 MPa;从表4.15与表4.16中可知,实验室所采用的325矿渣水泥与425普通硅酸盐水泥制作的试块的各龄期强度值相当,可以预计,以磷石膏为主的充填骨料,在同样的配比条件下,采用325矿渣水泥作为胶凝材料形成的充填体要比采用325普通硅酸盐水泥作为胶凝材料形成的充填体的28 d单轴抗压强度值提高50%以上。以磷石膏为主的充填骨料,添加矿渣微粉,充填体试块14 d、28 d单轴抗压强度可以大幅度提高,强度可以提高一倍以上。

综合室内配比试验研究结果,磷石膏基胶结充填材料及配比推荐如下。

(1)磷石膏、矿渣水泥胶结充填。

磷石膏∶矿渣水泥＝1∶3～1∶12;

浆体质量分数为58%～62%;

28 d单轴抗压强度为0.3～2 MPa。

（2）磷石膏、尾砂、矿渣水泥胶结充填。

磷石膏：尾砂：矿渣水泥 = 50：30：20～80：10：10；

浆体质量分数为 60%～65%；

28 d 单轴抗压强度为 0.3～2 MPa。

（3）磷石膏、普通硅酸盐水泥、矿渣微粉胶结充填。

普通硅酸盐水泥：矿渣微粉：磷石膏 = 1：1：6～1：1：12；

浆体质量分数为 58%～62%；

28 d 单轴抗压强度为 0.5～3 MPa。

4.4　磷尾矿基聚合物水化反应机理

4.4.1　尾矿-粉煤灰-水泥水化反应机理

尾矿-粉煤灰-水泥复合胶凝材料水化产物分析试样为 ADII32.5、ADIII42.5、ADP32.5 和 ADP42.5，各试样均在标准养护条件下养护 28 d，达到养护龄期以后取出试样并浸泡于无水乙醇中终止水化，将试样在 50 ℃下烘干并敲碎，通过 200～300 目方孔筛后取样待测。

微观结构分析试样为 ADII32.5、ADIII42.5、ADP32.5 和 ADP42.5，各试样均在标准养护条件下养护，养护龄期 ADII32.5 和 ADIII42.5 均为 28 d，ADP32.5 和 ADP42.5 分别为 3 d、7 d 和 28 d，达到养护龄期以后取出试样并浸泡于无水乙醇中终止水化，将试样在 50 ℃下烘干并制成 5 mm×5 mm×5 mm 立方体试块待测。

胶凝材料水化产物采用 XRD 和 TG/DSC 进行分析，XRD 型号为 Bruker AXS D8-Focus，TG/DSC 型号为 STA409PC。微观结构采用 SEM 进行分析，型号为 Hitachi SU8010。

ADII32.5 试样 28 d 微观结构观测结果如图 4.20 所示。

由图 4.20 可见，经过 28 d 养护龄期后，尾矿-粉煤灰-水泥（P.C.32.5）充填体微观结构上存在大量的孔隙，而且结构疏松，因此，其单轴抗压强度偏低。从图 4.20（a）和（c）可见大颗粒尾矿、球状粉煤灰及水泥水化产物共同构成的堆积体，其中，胶凝材料的主要水化产物包括大量网络状的水化硅酸钙（C-S-H 凝胶）、少量针棒状钙矾石（AFt）及六方板状氢氧化钙（CH），如图 4.20（b）和（d）所示。此外，从图 4.20（c）和（d）可见，粉煤灰微珠表面被侵蚀，主要是因为水泥水化产生的 CH 与粉煤灰中的活性 SiO_2 和 Al_2O_3 发生了火山灰反应，由此可见，粉煤灰在胶凝体系中主要起到两种效应，即物理填充效应及化学火山灰效应（刘数华 等，2010）。

通过 TG/DSC 分析胶凝材料水化产物，结果如图 4.21 所示。由图 4.21 可知，在 200℃以前，DSC 曲线上出现一个吸热峰，主要因为 C-S-H 凝胶、AFt 等水化产物脱水（陈文怡和涂浩，2012）；而在 637～725 ℃出现一个强吸热峰，主要因为 $CaCO_3$ 分解吸热（谢莎莎，2011）。通过 XRD 分析（图 4.22）可知，复合胶凝材料养护 28 d 以后的主要水化产物有 $CaCO_3$、C_3S、C_2S、AFt、C-S-H 凝胶和 CH 等。

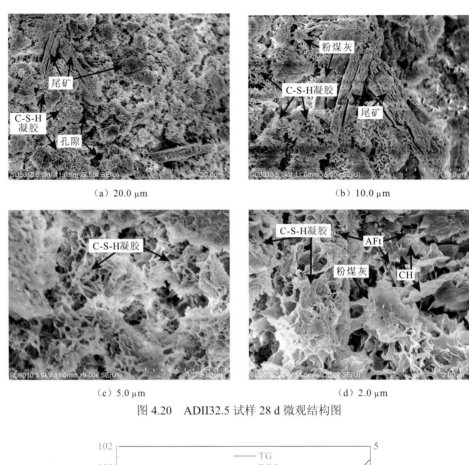

（a）20.0 μm　　　（b）10.0 μm

（c）5.0 μm　　　（d）2.0 μm

图4.20　ADII32.5试样28 d微观结构图

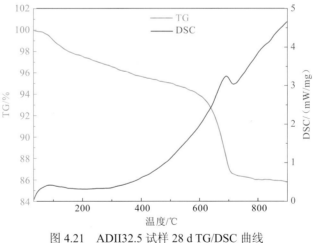

图4.21　ADII32.5试样28 d TG/DSC曲线

添加P.O.42.5以后，充填体微观结构如图4.23所示，其微观结构比掺有P.C.32.5的充填体的微观结构密实，尽管存在较多的孔隙，但较掺有P.C.32.5的充填体减少，且水化产物中针棒状AFt含量显著增多，因此，由AFt、C-S-H凝胶等水化产物与粉煤灰、尾矿相互搭接形成的结构密实硬化体的强度也更高。

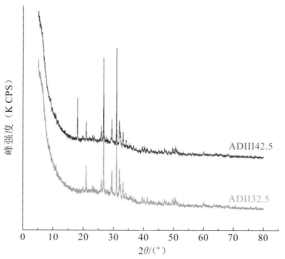

图 4.22　ADII32.5 和 ADIII42.5 试样 28 d XRD 图谱

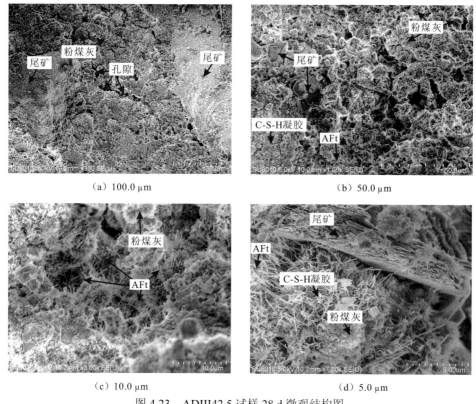

（a）100.0 μm　　　　　　　　（b）50.0 μm

（c）10.0 μm　　　　　　　　（d）5.0 μm

图 4.23　ADIII42.5 试样 28 d 微观结构图

　　通过 TG/DSC 分析胶凝材料水化产物，结果如图 4.24 所示。由图 4.23 可知，掺有 P.O.42.5 的充填体的 DSC 曲线与掺有 P.C.32.5 的充填体的 DSC 曲线相比有一个明显的区别，即在 397～445 ℃出现一个吸热峰，其主要是由 Ca(OH)$_2$ 分解吸热造成的。

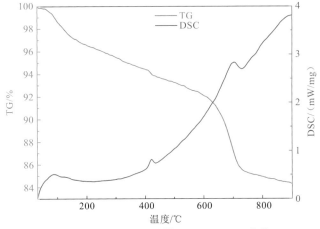

图 4.24　ADIII42.5 试样 28 d TG/DSC 曲线

根据上述分析，尾矿-粉煤灰-水泥复合胶凝材料的水化反应过程可描述如下。

水化初期，水泥中的 C_2S 和 C_3S 发生反应生成 C-S-H 凝胶和 CH，反应式为

$$C_nS + H \longrightarrow C\text{-}S\text{-}H + CH \tag{4.3}$$

由于 CH 改变了水泥浆的 pH，在碱性环境中，C_3A 与 CH 发生如下反应：

$$C_3A + CH + H \longrightarrow C_4AH_{19} \tag{4.4}$$

同时，水泥中的 $C\bar{S}$ 与 C_3A 发生如下反应：

$$C_3A + 3C\bar{S} + H \longrightarrow C_6A\bar{S}_3H_{32}$$
$$C_3A + C\bar{S} + H \longrightarrow C_4A\bar{S}H_{12} \tag{4.5}$$

式中：$C_6A\bar{S}_3H_{32}$ 为针棒状钙矾石（AFt），属低硫型硫铝酸钙；$C_4A\bar{S}H_{12}$ 为高硫型硫铝酸钙。

此外，在碱性环境中，部分粉煤灰中的活性 SiO_2 和 Al_2O_3 与 CH 发生火山灰反应：

$$SiO_2 + m_1Ca(OH)_2 + m_2H_2O \longrightarrow m_1 \cdot CaO \cdot SiO_2 \cdot m_2H_2O \tag{4.6}$$
$$Al_2O_3 + m_1Ca(OH)_2 + m_2H_2O \longrightarrow m_1 \cdot CaO \cdot Al_2O_3 \cdot m_2H_2O \tag{4.7}$$

上述水化反应生成的 C-S-H 凝胶、AFt 等水化产物与尾矿和未反应的粉煤灰相互搭接形成致密的结构，并逐渐产生强度。

4.4.2　尾矿-粉煤灰-水泥-泵送剂水化反应机理

对于尾矿-粉煤灰-水泥-泵送剂胶结充填体，通过 SEM 对 ADP32.5 和 ADP42.5 试样 3 d、7 d 和 28 d 的微观结构进行观测，结果如图 4.25～图 4.32 所示。

由图 4.25 可见，添加泵送剂以后，胶凝材料内部针棒状 AFt、纤维状及网络状 C-S-H 凝胶含量明显多于不添加泵送剂的充填体，主要是因为泵送剂打破了水泥和粉煤灰等颗粒之间的絮凝结构，使得料浆中的小颗粒均匀分散，水化反应也更充分，该过程如图 4.26 所示。同时，胶凝材料微观结构可见较多的孔隙，但比未添加泵送剂的胶凝材料孔隙少，且孔隙之间由大量的 AFt 和 C-S-H 凝胶填充，因此，其结构也更加密实，强度也更高。

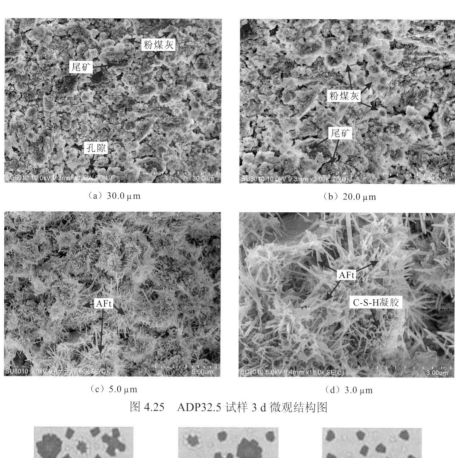

（a）30.0 μm　　　　　　　　　　（b）20.0 μm

（c）5.0 μm　　　　　　　　　　（d）3.0 μm

图 4.25　ADP32.5 试样 3 d 微观结构图

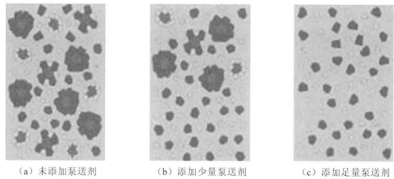

（a）未添加泵送剂　　　（b）添加少量泵送剂　　　（c）添加足量泵送剂

图 4.26　泵送剂作用的料浆微观结构

（a）100.0 μm　　　　　　　　　　（b）50.0 μm

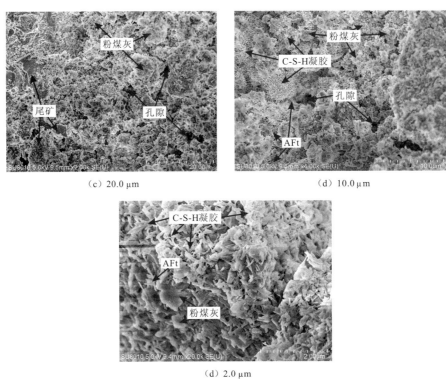

（c）20.0μm　　　　（d）10.0μm

（d）2.0μm

图 4.27　ADP32.5 试样 7 d 微观结构图

（a）20.0μm　　　　（b）10.0μm

（c）5.0μm　　　　（d）3.0μm

图 4.28　ADP32.5 试样 28 d 微观结构图

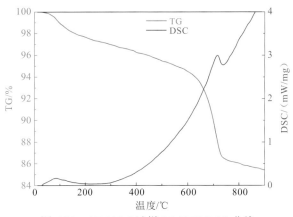

图 4.29　ADP32.5 试样 28 d TG-DSC 曲线

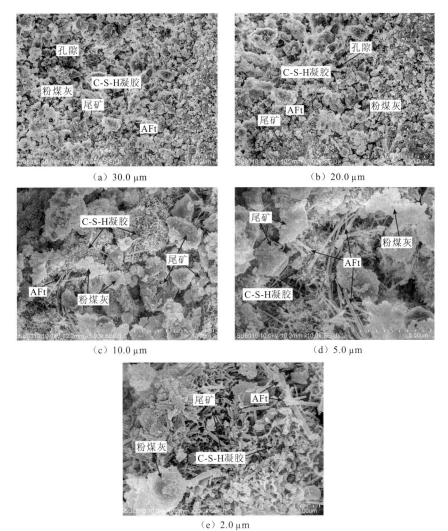

（a）30.0 μm

（b）20.0 μm

（c）10.0 μm

（d）5.0 μm

（e）2.0 μm

图 4.30　ADP42.5 试样 3 d 微观结构图

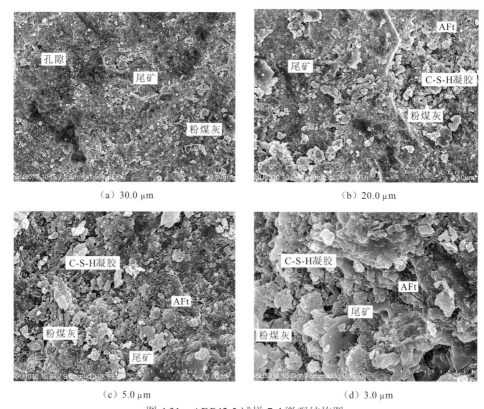

（a）30.0 μm   （b）20.0 μm

（c）5.0 μm   （d）3.0 μm

图 4.31　ADP42.5 试样 7 d 微观结构图

　　随着养护龄期的延长，胶凝材料中逐渐出现较多的絮状、纤维状及网络状的水化产物，如图 4.27 和图 4.28 所示。这些水化产物填充在胶凝材料颗粒之间的孔隙中，使得充填体孔隙大量减少，并形成较密实的结构。

　　根据 TG/DSC 分析结果（图 4.29），尾矿-粉煤灰-泵送剂-水泥（P.C.32.5）复合胶凝材料的 TG/DSC 曲线与未添加水泥（P.C.32.5）的复合胶凝材料类似，在 200 ℃之前及 602～745 ℃分别出现吸热峰，前者因为 C-S-H 凝胶、AFt 等水化产物脱水，后者因为 CaCO$_3$ 分解。通过 XRD 分析（图 4.33）可知，复合胶凝材料养护 28 d 以后的主要水化产物有 CaCO$_3$、C$_3$S、C$_2$S、AFt、C-S-H 凝胶和 CH 等。

　　与掺有 P.C.32.5 的胶结充填体不同的是，掺有 P.O.42.5 的胶结充填体的微观结构更加密实，如图 4.30～图 4.32 所示。其中，大量针棒状 AFt 与絮状、纤维状和网络状 C-S-H 凝胶填充于孔隙中，与尾矿、起物理填充效应的粉煤灰及起火山灰效应的粉煤灰一起构成致密的结构，使得硬化体强度显著增强。

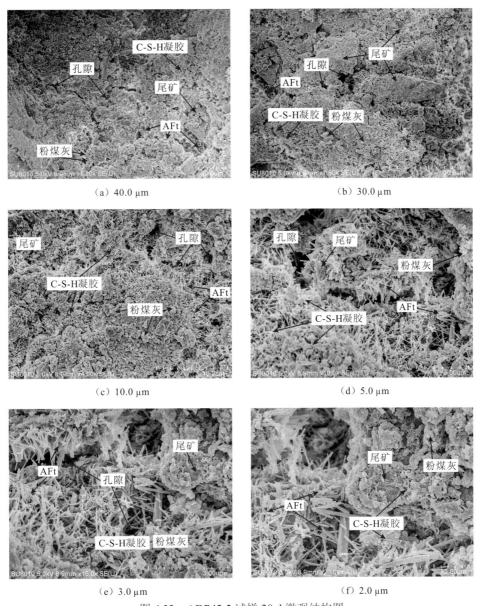

（a）40.0 μm　　　　　　　　　　　（b）30.0 μm

（c）10.0 μm　　　　　　　　　　　（d）5.0 μm

（e）3.0 μm　　　　　　　　　　　（f）2.0 μm

图 4.32　ADP42.5 试样 28 d 微观结构图

　　根据 TG/DSC 分析结果（图 4.34），尾矿-粉煤灰-泵送剂-水泥（P.O.42.5）复合胶凝材料的 TG/DSC 曲线与未添加水泥（P.O.42.5）的复合胶凝材料类似，在 200 ℃之前及 612～745 ℃分别出现吸热峰，前者因为 C-S-H 凝胶、AFt 等水化产物脱水，后者因为 CaCO$_3$ 分解。

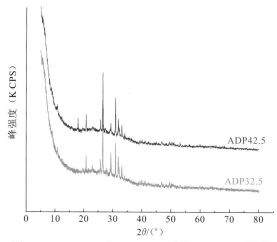

图 4.33 ADP32.5 和 ADP42.5 试样 28 d XRD 图谱

根据上述分析，可得尾矿-粉煤灰-泵送剂-水泥复合胶凝材料的反应机理：胶凝材料加水混合以后，泵送剂中的萘系减水剂分子吸附在水泥颗粒表面，并发生静电斥力作用，使固相颗粒在浆体中均匀分散，该作用如图 4.35 所示。该过程主要是萘系减水剂分子中的极性亲水基团 $R—SO_3^-$ 吸附于水泥颗粒表面，并与伸展在浆体中的 $R—SO_3^-$ 基团发生静电斥力作用，其吸附模型如图 4.36 所示（代柱端，2014）。此后，均匀分散在浆体中的水泥颗粒及粉煤灰发生如式（4.3）～式（4.7）所示的一系列水化反应。

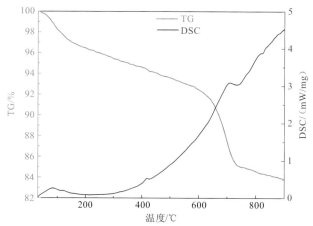

图 4.34 ADP42.5 试样 28 d TG/DSC 曲线

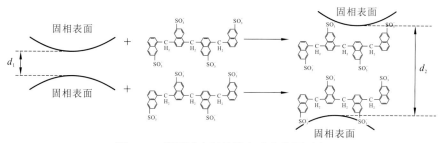

图 4.35 萘系减水剂的静电斥力作用示意

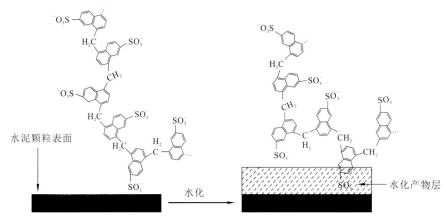

图 4.36　萘系减水剂动态吸附模型

4.5　磷石膏基聚合物水化反应机理

4.5.1　微观反应机理分析

磷石膏基材料的微观反应主要有三大相反应（Fernandez and Moon，2010；Kaufmann et al，2009）：固相反应，该相主要表现为磷石膏与胶凝材料等固体材料发生反应；液相反应，该相主要表现为成分水与毛细水等液相发生反应；气相反应，该相主要表现为空气或气泡等相发生反应。其宏观反应表现为磷石膏、粉煤灰等固相反应与成分水和毛细水等液相反应两者之间发生固液两相反应。其微观反应主要表现为碱性环境中，磷石膏电离生成 SiO_4^{4-}，$Ca-O-Ca$、$Si-O-Si$ 等共价键遇碱发生断裂，并迅速与水泥中断裂的 $Si-O-Si$、$Al-O-Al$、$Al-O$、$Si-O$ 等共价键结合，造成其电荷的重新分布。随着反应的不断进行，粉煤灰电离生成 SiO_4^{4-}、AlO_4^{5-} 等酸根离子，与之前磷石膏解聚生成的大量 Ca^{2+} 发生重聚反应，而由于碱过量，浆体中的 OH^- 也会部分参与重聚反应，生成 $Si-O-Ca$ 结构。随后，SiO_4^{4-} 与 Ca^{2+} 反应，不断生成 C-S-H 凝胶，使得 SiO_4^{4-} 和 AlO_4^{5-} 加快聚合，形成稳定的 $-Si-O-Ca-O-Al-O^-$ 六面体网状结构，最终生成磷石膏基材料。其微观反应机理的化学反应式如下：

$$CaSO_4 \cdot 2H_2O \longrightarrow CaSO_4 \cdot 0.5H_2O + 1.5H_2O \tag{4.8}$$

$$CaSO_4 \cdot 0.5H_2O \longrightarrow CaSO_4 + 0.5H_2O \tag{4.9}$$

$$(CaO \cdot SiO_2)_n + 2H_2O \xrightarrow{CaO} nCaO \cdot SiO_2 \cdot H_2O + mCa(OH)_2 \tag{4.10}$$

$$mCa(OH)_2 + 2mSiO_2 + 3mH_2O \xrightarrow{CaO} m(OH)_3-Si-O-Ca-(OH)_3 \tag{4.11}$$

$$2mSiO_2 + mAl_2O_3 + 8mH_2O \xrightarrow{CaO} m(OH)_3-Si-O-\overset{\overset{\displaystyle (OH)_2}{|}}{Al}-O-Si-(OH)_3 \tag{4.12}$$

$$
\begin{aligned}
&m(\text{OH})_3-\text{Si}-\text{O}-\text{Ca}-(\text{OH})_3+m(\text{OH})_3-\text{Si}-\text{O}-\overset{\displaystyle \overset{(\text{OH})_2}{|}}{\text{Al}}(\text{OH})_2-\text{O}-\text{Si}-(\text{OH})_3 \\
&+7m\text{H}_2\text{O}\xrightarrow{\text{CaO}}(\text{O}\overset{\text{Si}-\text{O}}{\underset{\text{Al}-\text{O}}{}}\text{Ca})_n+m\text{H}_2\text{O}
\end{aligned}
\tag{4.13}
$$

4.5.2 水化反应机理分析

磷石膏基材料由宏观向微观变化的反应机理如图 4.37 所示。基于渗流理论可知，磷石膏基材料主要由 C-S-H 凝胶所构成的连续均匀相（所占体积分数大于 75%），CH、AFt 等晶体和未水化颗粒等构成的分散增强相（所占体积分数约为 15%），以及孔隙、微裂缝等构成的分散劣化相（所占体积分数约为 10%）所组成，其宏观性能会随着它们在空间中体积分数、分布特征、联结程度及渗流通路等的变化而发生改变。在微观反应中，磷石膏基材料宏观性能的变化取决于渗流阈值，由试验结果可知，C-S-H 凝胶渗流阈值远大于三维空间的渗流阈值，对其宏观性能起主要作用，相比而言，CH、AFt 等晶体的渗流阈值介于二维渗流阈值和三维渗流阈值之间，对 C-S-H 凝胶主要起支撑辅助作用，而孔结构部分渗流阈值较小，主要对其宏观性能起连接作用。

（a）磷石膏基材料样品

（b）试样晶体结构示意图

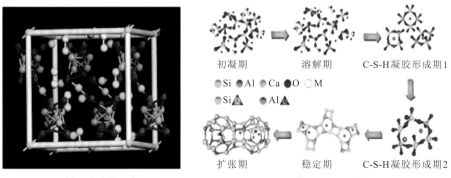

（c）离子微观反应机理图

图 4.37 磷石膏基材料由宏观向微观变化的反应机理示意图

4.5.3　磷石膏基聚合物宏观性能与孔结构的定量关系

磷石膏基材料的孔结构主要包括孔隙率、孔径分布及孔形貌三个方面，其中孔隙率对该磷石膏基材料的强度指标起着决定性影响（Chen et al，2010）。多年来，学者从细观或微观尺度出发，不断深入研究复合胶凝材料的强度、变形、耐久性等性能，建立了十几种有关磷石膏基材料微结构的物理数学模型，其中应用最为广泛的模型主要有中心质假说、Powers 胶空比理论、Balshin 模型、Ryshkevitch 模型、Schiller 模型及 Hasselmann 模型等（Zeng et al.，2012，2011）。然而，由于所采用的测试理论、表征参数及对材料孔结构的理解存在差异，所建立的孔结构强度模型多种多样，不同模型得出的结果大相径庭，从而降低了研究成果的可借鉴性。同时，现有的关于磷石膏基材料孔结构特征的研究大多数重点关注计算模拟求解，对于孔结构各参数与磷石膏基材料结构组成、宏观力学性能等关系上的研究投入较少，致使大部分研究结论停留在定性阶段，缺乏更深层次的讨论及定量结果。本章以强度特性为主要变量，利用强度测试、微观试验、数学建模、数值模拟等手段，重点研究孔结构与强度的关系，并结合渗流理论构建了基于孔渗流的孔结构强度模型（侯姣姣和梅甫定，2013）。

1. 孔结构强度模型的建立

为表征磷石膏基材料中孔结构与强度的定量关系，基于渗流理论构建了一个分散劣化相孔结构在二维平面和三维空间上渗流临界区的孔隙率强度模型[式（4.14）]，该模型表征了孔隙率与抗压强度之间的半定量关系。而孔结构一般具有孔体积、孔径大小和比表面积三部分特征参数，仅用孔隙率来反映孔结构对磷石膏基材料强度性能的影响具有一定的局限性。实际上，孔隙率与孔径大小和比表面积具有一定的关联性。结合孔隙率定义[式（4.15）]与表征孔比表面积和所受汞压的 Neimark 模型[式（4.16）]，通过抗压强度与孔结构中形状因子的定量关系[式（4.17）]（贺行洋，2010），并联立式（4.14）可得出磷石膏基材料抗压强度与孔结构（形状因子和体积分数）在三维空间的定量关系[式（4.18）]，且它们大致符合幂律概率分布函数[式（4.19）]。

$$\sigma_p = \sigma_d \left[f(P) \right]^{n_k} = \sigma_d \left(\frac{P_{cr}^2 - V_0}{P_{cr}^2 - P_{cr}^3} \right)^{n_k} \tag{4.14}$$

$$V_0 = \frac{V_P}{V_A} \times 100\% = A_k V_P \tag{4.15}$$

$$S = -\frac{1}{\gamma_{hg} \cos \theta_{hg}} \int_0^{V_F} F_0 \, dV \tag{4.16}$$

$$\beta_i = \frac{l^2}{4\pi S_k} \tag{4.17}$$

$$\sigma_p = \sigma_d \left(\frac{P_{cr}^2 - V_0}{P_{cr}^2 - P_{cr}^3} \right)^{n_k} = \sigma_d \left(1 - \frac{P_{cr}^3 - AV_0}{P_{cr}^3 - P_{cr}^2} \right)^{n_k} = \sigma_d \left(1 - \sum \beta_i^j S_i \right)^{n_k} \tag{4.18}$$

$$\frac{\sigma_{\mathrm{p}}}{\sigma_{\mathrm{d}}}=\left(1-\sum\beta_i^j S_i\right)^{n_k}=\left(1-F_n\right)^{n_k}=A_k X_0^{B\varphi_V}\quad(0.23<\varphi_V<1.33)\qquad(4.19)$$

式中：σ_{p} 为抗压强度，kPa；σ_{d} 为孔在三维空间出现渗流通路的临界点强度，kPa；$f(P)$ 为渗流程度函数；P_{cr}^2 为二维平面上渗流阈值，取值为 0.47；P_{cr}^3 为三维空间上渗流阈值，取值为 0.16；n_k 为孔远离二维渗流、与三维渗流接近的程度 $f(P)$ 对抗压强度的影响因子；V_0 为孔隙率；V_P 为胶凝材料中孔隙的总体积，mL/g；V_A 为胶凝体系干密度体积，mL/g；$A_k=1/V_A$ 为常数，g/mL；S_k 为孔表面积，m²；γ_{hg} 为汞的表面张力，0.458 N/m；θ_{hg} 为汞和孔表面接触角，取 130°；V_F 为压入孔隙中汞的体积，mL/g；F_0 为压汞的外部压力，kPa；β_i 为形状因子，%；l 为孔投影周长，m；β_i^j 为气孔的尺寸和形状因子的综合影响因子，%，j 为孔隙率 V_0 在区间[0, 1]的任意值；$\beta_i^j S_i$ 为第 i 个体积分数为 V_i 的气孔对磷石膏基材料的影响因子，m²；$\dfrac{\sigma_{\mathrm{p}}}{\sigma_{\mathrm{d}}}$ 为抗压强度与孔在三维空间出现渗流通路的临界点强度的比值，%；$F_n=\sum\beta_i^j S_i$，为形状因子和总孔体积分数变化时的强度影响值，m²；B 为拟合参数；X_0 为幂律概率分布函数；φ_V 为总孔体积分数，%。

β_i 表示孔结构偏离球形的程度，球体的 β_i 等于1，β_i 的值越大，越偏离球形。根据体视学原理（余永宁和刘国权，1989），对于材料中的固定组元来说，其空间体积分数与该截面上的面积分数 S_i 相等，即 $V_i=S_i$。而由式（4.14）可知，当 $0.16\leqslant V_0\leqslant0.47$，即 $f(V_0)$ 取[0, 1]区间上的值时，孔在该磷石膏基材料空间的联结状态实际上是介于三维渗流临界点与二维临界点之间，此时磷石膏基材料中存在体积分数为 V_i 的气孔，使其承压面积分数的承压能力也减小 V_i，而各试样中气孔的平均孔径 $\overline{d}$ 与气孔形状因子 β_i 具有很好的线性关系。因此，为利于统计分析，采用每个气孔的截面积占分析区域的面积分数 S_i 来表征该气孔所占体积分数。

磷石膏基材料各掺量配比及单轴抗压强度见表 4.20，包括孔径、形状因子、体积分数等参数的孔结构参数试验数据见表 4.21。由表 4.21 可知，养护条件对孔结构特别是孔径和比表面积有较大影响，如 CB-1 和 CB-2，干养护下 CB-1 的干体积密度为 1.78g/mL，相比而言 CB-2 在 95%以上湿养护条件下干体积密度为 2.13 g/mL，基于此，CB-1 的 1 036 nm 的平均孔直径远大于 CB-2 的 568 nm 的平均孔直径。同时，胶凝材料的比表面积也随着孔直径的不同而不同，导致干养护下胶凝材料的比表面积是湿养护条件下比表面积的 1.8 倍。结合表 4.20 知，干养护下 CB-1 的单轴抗压强度仅为 3 511 kPa，小于 CB-2 的单轴抗压强度 4 314 kPa。因此，磷石膏基材料在低含水量条件下水化不充分，孔隙压力大，易出现连通的大毛细孔和微裂纹，而湿养护有利于内部水化及孔结构参数的优化。对于 P、S、F、C 组（均在湿养护条件下），随着磷石膏、矿渣、粉煤灰及水泥用量的不同，磷石膏基材料中孔结构参数发生很大的变化。随着磷石膏量的减少，其孔结构特别是平均孔直径和比表面积都优于最优配比条件下的孔结构参数，同时磷石膏量的增大又会严重降低其相关参数，因此，作为充填骨料的磷石膏在影响磷石膏基材料的孔结构参数中占主导作用，其用量必须严格控制。相比之下，作为胶凝材料的高炉矿渣、粉煤灰

第 4 章 充填材料配比优化及作用机理

和水泥，根据复合胶凝材料中它们的水化特性（Hover，2011），它们的微集料效应、火山灰效应及前期充填效应对影响该材料的孔结构有较大的作用，如 S-2、F-2、C-2，随着它们用量的增加，平均孔直径和比表面积都高于最优配比下的参数，从而也说明，任意增加胶凝材料中矿渣、粉煤灰、水泥的量，会影响整个水化过程。从表 4.21 中可知，矿渣量的增加直接导致孔平均直径增加了差不多 3 倍（CB-2 为 568 nm，S-2 为 1 684 nm），从而也说明矿渣前期的充填效应、中间的火山灰效应及后期的微集料效应对该磷石膏基材料的水化过程影响最大。综上所述，磷石膏基聚合物不同组分的掺量，特别是磷石膏和矿渣的用量与孔结构有较为直接的联系。

表 4.20 磷石膏基材料各掺量配比及单轴抗压强度试验值

试样	磷石膏	矿渣	粉煤灰	水泥	生石灰	密度 /（kg/m³）	水 /%	单轴抗压强度/kPa		
	质量分数/%							7 d	28 d	90 d
CB-1	65.0	15.0	13.0	7.0	7.5	2 680	35.0	865	3 258	3 511
CB-2	65.0	15.0	13.0	7.0	7.0	2 610	34.5	1 536	4 223	4 314
P-1	60.0	15.0	13.0	7.0	5.0	2 590	34.0	1 876	4 472	4 589
P-2	70.0	15.0	13.0	7.0	4.3	2 530	33.5	738	2 863	3 005
S-1	65.0	12.25	13.0	7.0	5.0	2 660	34.5	943	2 910	3 030
S-2	65.0	17.25	13.0	7.0	5.0	2 550	34.5	914	3 008	3 123
F-1	65.0	15.00	10.0	7.0	5.0	2 490	34.5	858	2 681	2 713
F-2	65.0	15.00	20.0	7.0	7.5	2 540	36.5	784	3 507	3 821
C-1	65.0	15.00	13.0	5.0	6.0	2 510	35.0	351	2 058	2 410
C-2	65.0	15.00	13.0	9.0	5.0	2 530	34.0	1 531	3 613	4 059

表 4.21 磷石膏基材料中孔结构参数

试样	CB-1（干）	CB-2（湿）	P-1	P-2	S-1	S-2	F-1	F-2	C-1	C-2
干体积密度/（g/mL）	1.78	2.13	2.25	2.01	1.94	1.96	1.85	2.09	1.65	2.11
孔隙率/%	0.0	0.0	1.8	1.7	3.2	3.1	4.5	4.5	6.0	6.0
抗压强度/MPa	7.13	3.38	1.23	10.71	11.29	12.46	13.84	4.65	14.23	3.91
孔径/nm	1 036	568	492	1 527	1 613	1 684	1 842	861	2 034	661
比表面积/（m²/g）	0.669	0.327	0.235	0.981	0.994	1.031	1.168	0.455	1.324	0.418
进汞量/（mL/g）	0.11	0.06	0.13	0.08	0.17	0.10	0.18	0.12	0.19	0.14
β_i	2.04	2.47	2.65	1.73	1.51	1.23	1.04	2.37	0.96	2.22
$F_{0.40}$	0.211	0.140	0.130	0.264	0.244	0.207	0.192	0.204	0.195	0.147
$F_{0.35}$	0.159	0.105	0.098	0.198	0.183	0.155	0.144	0.153	0.146	0.110
$F_{0.30}$	0.133	0.088	0.082	0.166	0.153	0.130	0.121	0.129	0.123	0.092

注：$F_{0.40}$、$F_{0.35}$ 和 $F_{0.30}$ 为胶凝体系孔隙率的强度影响因子。

· 117 ·

图 4.38 为磷石膏基材料的孔隙大小分布和累积孔隙分布变化图。由图 4.38 可知，磷石膏基材料试件孔径 d 分布主要集中在 3 nm～8 μm。随着磷石膏、粉煤灰、矿渣和水泥等用量的变化，可以得知：

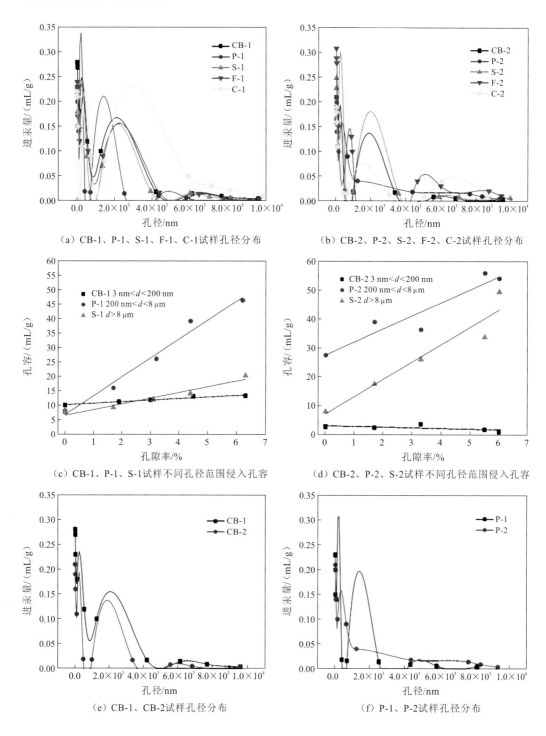

（a）CB-1、P-1、S-1、F-1、C-1试样孔径分布　　（b）CB-2、P-2、S-2、F-2、C-2试样孔径分布

（c）CB-1、P-1、S-1试样不同孔径范围侵入孔容　　（d）CB-2、P-2、S-2试样不同孔径范围侵入孔容

（e）CB-1、CB-2试样孔径分布　　（f）P-1、P-2试样孔径分布

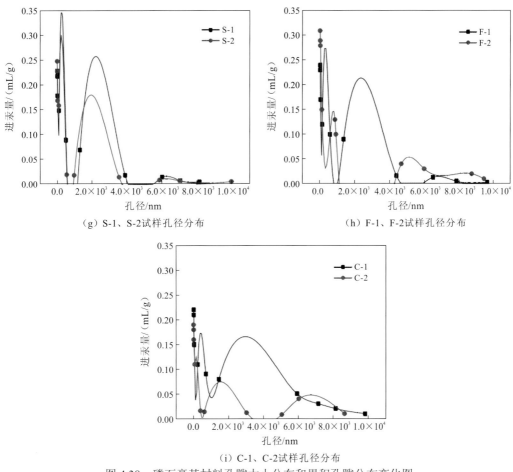

（g）S-1、S-2试样孔径分布　　　　（h）F-1、F-2试样孔径分布

（i）C-1、C-2试样孔径分布

图 4.38　磷石膏基材料孔隙大小分布和累积孔隙分布变化图

（1）当 3 nm≤ d<200 nm 时，由图 4.38（a）、（c）可知，试样组一（CB-1、P-1、S-1、F-1、C-1）进汞量峰值从 0.11 mL/g 增加到 0.19 mL/g，总进汞量从 10.20 mL/g 增加到 13.40 mL/g；由图 4.38（b）、（d）可知，试样组二（CB-2、P-2、S-2、F-2、C-2）进汞量峰值从 0.06 mL/g 增加到 0.13 mL/g，总进汞量从 2.50 mL/g 降低到 0.90 mL/g。

（2）当 200 nm≤ d<8 000 nm 时，试样组一进汞量峰值从 0.01 mL/g 增加到 0.05 mL/g，总进汞量从 8.20 mL/g 增加到 46.50 mL/g；试样组二进汞量峰值从 0.04 mL/g 增加到 0.11 mL/g，总进汞量从 27.50 mL/g 增加到 54.30 mL/g。

（3）当 d≥8 000 nm 时，试样组一进汞量峰值从 0.01 mL/g 增加到 0.03 mL/g，总进汞量从 7.80 mL/g 增加到 20.40 mL/g，试样组二进汞量峰值从 0.01 mL/g 增加到 0.05 mL/g，总进汞量从 7.80 mL/g 增加到 49.80 mL/g。

以上数据表明，磷石膏基材料中随着磷石膏等原料用量的变化，内部孔隙结构也发生变化。水化反应开始后，反应产物逐渐填充毛细孔，产物之间相互连接形成强度（Davidovits，1991），由于胶凝材料颗粒接触面不断增大，形成较多的矿物封闭毛细孔。随着水化程度的增加，材料内部饱水度下降，形成毛细压力，毛细压力导致其内部结构产生收缩，并使得通过产物桥接和填充的毛细孔重新打开，形成连通或者部分连通的大毛细孔（Li and Yan，2009），导致此时的孔隙结构要大于最优配比下的孔隙结构，最终形成的 C-S-H 凝胶较为松散（胡曙光 等，2006），抗压强度降低（表 4.20），同时也说明过大或过小的水灰比对连通的毛细孔有增强作用，并使磷石膏基材料的"墨水瓶"效应（Zeng et al.，2011）增强。

2. 强度规律与孔结构的定量关系

磷石膏基材料的三元强度模型见图 4.39。抗压强度 σ_p 与孔在三维空间出现渗流通路的临界点强度 σ_d 的比值 σ_p/σ_d 与总孔体积分数 φ_V、$F_{0.40}$、$F_{0.35}$ 及 $F_{0.30}$ 的变化关系见图 4.40。

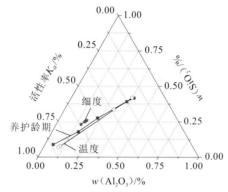

图 4.39　磷石膏基材料的三元强度模型

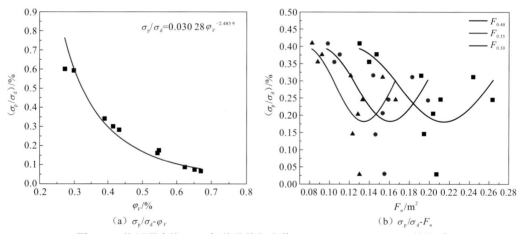

（a）σ_p/σ_d-φ_V　　　　　　　　（b）σ_p/σ_d-F_n

图 4.40　抗压强度比 σ_p/σ_d 与总孔体积分数 φ_V、$F_{0.40}$、$F_{0.35}$ 及 $F_{0.30}$ 的关系

从图 4.40 可以看出，磷石膏基材料抗压强度比 σ_p/σ_d 与总孔体积分数 φ_V、$F_{0.40}$、$F_{0.35}$ 及 $F_{0.30}$ 具有较好的相关性，并拟合求出了式（4.19）中参数的 A_k、B，结合表 4.21 中数据可知，就形状因子而言，抗压强度随着平均孔直径的增大而减小，如试样组一，当孔径由 492 nm 增长到 2 034 nm 时，在其他因素相同的情况下，90 d 磷石膏基材料抗压强度由 4 589 kPa 下降到 2 410 kPa，下降幅度为 47.48%，说明大孔使强度降低，小孔对强度影响较小。对于总体积分数而言，抗压强度并不随着总体积分数的变化而呈线性变化，

因为在很大程度上，总体积分数与磷石膏基材料干体积密度是密切相关的，随着原材料掺量的变化，其体积分数并不完全发生线性改变，主要取决于水化产物的多少、胶结状结状态及联结程度，从而对强度产生一定的影响。而通过式（4.19）可知，将孔的体积分数与孔径大小作为一个整体来进行拟合，可以定性地描述强度与它们之间的特征规律，从 $F_{0.40}$、$F_{0.35}$、$F_{0.30}$ 可以看出，随着孔结构的减小，磷石膏基材料的宏观强度性能不断增大，且两者的相关性不断加强。因此，利用这种规律可以定量表达磷石膏基材料孔结构与宏观性能之间的关系，利用这种规律可以调整其宏观配比，进而有效地改变宏观性能。

　　国内外孔结构-强度模型中应用较为广泛的有 Balshin 模型、Ryshkevitch 模型和 Schiller 模型，同时，考虑到磷石膏、粉煤灰和矿渣自身理化特性对磷石膏基材料的宏观性能也有一定的影响，运用不同模型对不同范围内的磷石膏基材料孔结构-抗压强度数据进行拟合对比分析，从而验证所建立的孔结构-强度模型的可行性。不同孔结构-强度模型的数学解析式及相关系数见表 4.22。

表 4.22　不同孔结构-强度模型的数学解析式及相关系数

试样	推导公式 $\sigma_p = \sigma_d \left(1 - \sum \beta_i^j S_i\right)^n$	Balshin 模型 $\sigma_p = \sigma_d (1-P)^n$	Ryshkevitch 模型 $\sigma_p = \sigma_d e^{-kP}$	Schiller 模型 $\sigma_p = k\sigma_d \ln\left(\dfrac{P_0}{P}\right)$
P 组	$\sigma_p = 4.32 \times (3.99 X^{-0.29})$	$\sigma_p = 9.72(1-P)^{2.93}$	$\sigma_p = 13.4 e^{-5.13P}$	$\sigma_p = 2.75 \ln\left(\dfrac{0.62}{P}\right)$
S 组	$\sigma_p = 3.09 \times (3.05 X^{-0.31})$	$\sigma_p = 8.67(1-P)^{2.50}$	$\sigma_p = 9.62 e^{-3.62P}$	$\sigma_p = 2.11 \ln\left(\dfrac{0.83}{P}\right)$
F 组	$\sigma_p = 4.41 \times (2.21 X^{-0.62})$	$\sigma_p = 13.72(1-P)^{3.14}$	$\sigma_p = 25.3 e^{-6.74P}$	$\sigma_p = 3.38 \ln\left(\dfrac{1.06}{P}\right)$

注：k 为经验值；P_0 为材料强度为 0 时的孔隙率。

　　由表 4.22 和图 4.41 可知：构造的基于孔渗流的孔结构-强度模型，与现在应用广泛的三种模型对比，表现出较好的相关性，从而说明该模型具有一定的适用性；同时，在与不同掺量即磷石膏、矿渣、粉煤灰掺入量不同的情况下，其孔结构-强度也表现出较好的相关性。对比图 4.41（a）、（b）、（c）可以看出，所取得的关系曲线和 Balshin 模型、Ryshkevitch 模型及 Schiller 模型拟合曲线一样，都具有较优的拟合相关性，因此，构建的孔结构-强度模型具有一定的适用性和正确性。

　　磷石膏基材料孔径和形状因子与孔隙体积存在非线性关系，其主要原因是磷石膏基材料中磷石膏、粉煤灰、矿渣、水泥等掺合料的加入会直接导致未水化颗粒、水化产物等的空间分布特性发生较大改变，即磷石膏基材料的微结构发生改变，包括水化产物对初始反应浆体充水空间填充不足而引起其内部孔结构的增加，从而影响其宏观性能。不同原材料的物理化学特性存在差异，在掺入反应后，根据反应龄期的不同，其自身微观结构会发生不一样的改变：磷石膏是一种弱酸性物质，在反应初期，遇水会迅速水化，成为主要的反应基体，并生成大量的 SO_4^{2-}，从而激发粉煤灰、矿渣和少量水泥的活性。

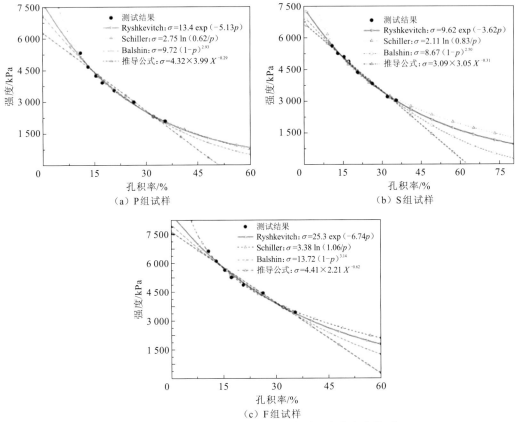

（a）P组试样　　　　　　　　　　　（b）S组试样

（c）F组试样

图 4.41　不同模型不同试样孔结构随强度的变化关系

由于早期粉煤灰主要表现为物理填充，此时的磷石膏主要与水泥和激发剂 CaO 反应，形成钙矾石强度骨架，随着龄期的增加，粉煤灰发挥活性效应，水化生成的 C-S-H 凝胶不断填充在钙矾石强度骨架之间，而此时矿渣和磷石膏颗粒的微集料效应在不断减弱，但材料整体强度在不断增加，与刚开始反应时相比，孔体积、孔径等孔结构参数明显下降，大孔体积的降低幅度尤为明显。随着养护龄期的延长，粉煤灰伴随着磷石膏、水泥、矿渣的水化发生二次水化作用，此时粉煤灰的微集料效应能有效减少磷石膏基材料中大孔的含量，进一步改善孔结构。矿渣的掺入使得胶凝物质的数量相对减少，从而减弱了水化产物之间的相互黏结作用，但在反应后期，由于矿渣自身具有较高的细度和火山灰活性，其密实填充效应和火山灰效应更为显著，比粉煤灰对其孔体积分数的影响更大，此外，矿渣对磷石膏基材料中大孔孔体积分数的降低起到决定性作用。由图 4.41 可知，矿渣孔径的变化对材料强度产生长期的影响，也说明在该磷石膏基材料的水化后期，矿渣发挥了较好的微集料效应。

4.6　本章小结

（1）充填材料配比设计就是合理确定充填体各组成材料的用量比例，由其制备的充填料浆既能满足流动性、强度、耐久性和其他要求，又能确保制备成本经济合理。

（2）通过综合比较，磷尾矿基充填材料的推荐配比方案为水泥（P.O.42.5）∶粉煤灰 II∶尾泥∶尾矿∶泵送剂∶水 = 150 kg/m^3∶200 kg/m^3∶100 kg/m^3∶1 500 kg/m^3∶1 kg/m^3∶428 kg/m^3。

（3）通过综合比较，磷石膏基充填材料的推荐配比方案如下：当采用磷石膏、矿渣水泥胶结充填时，磷石膏∶矿渣水泥 =1∶3～1∶12，料浆质量分数为 58%～62%；当采用磷石膏、尾砂、矿渣水泥胶结充填时，磷石膏∶尾砂∶矿渣水泥 = 50∶30∶20～80∶10∶10，料浆质量分数为 60%～65%；当采用磷石膏、普通硅酸盐水泥、矿渣微粉胶结充填时，普通硅酸盐水泥∶矿渣微粉∶磷石膏=1∶1∶6～1∶1∶12，料浆质量分数为 58%～62%。

（4）磷尾矿胶结充填材料的水化反应可分为两个阶段：第一阶段为水泥与水作用的水化反应，主要水化产物有钙矾石（AFt）、水化硅酸钙（C-S-H 凝胶）和氢氧化钙（CH）等；第二阶段为水泥水化产物氢氧化钙（CH）分别与粉煤灰、少量的磷尾矿发生二次水化作用，即火山灰反应，主要水化产物为水化硅酸钙和水化铝酸钙的凝胶。水化产物与分散的磷尾矿、未反应的粉煤灰等联结起来，构成一个在三维空间牢固结合、密实的整体，具有较好的力学性能。

（5）磷石膏基材料主要由 C-S-H 凝胶所构成的连续均匀相，CH、AFt 等晶体和未水化颗粒等构成的分散增强相，以及孔隙、微裂缝等构成的分散劣化相所组成，其宏观性能会随着它们在空间中体积分数、分布特征、联结程度及渗流通路等的变化而发生改变。

（6）基于渗流理论中孔隙率与抗压强度之间的定量关系，建立了磷石膏基材料的抗压强度与孔体积分数和形状因子的数学模型，即 $\sigma_{\mathrm{p}} = \sigma_{\mathrm{d}}\left(1-\sum \beta_i^j S_i\right)^n$，且强度比值与孔的形状因子和体积分数大致符合幂律概率分布函数，即 $\sigma_{\mathrm{p}} / \sigma_{\mathrm{d}}=A_k X_0^{B\varphi_V}$。

第 5 章

高浓度料浆大倍线管道输送
基本理论与计算

5.1 高浓度充填系统概述

高浓度充填系统利用充填制备站将充填材料制备成高浓度充填料浆，通过管道输送到采场进行充填。高浓度充填系统一般包括充填材料储存与给料系统、料浆制备的搅拌系统、充填料浆加压输送系统、充填料浆输送系统和充填料浆控制系统。高浓度充填料浆的制备及泵送工艺流程见图 5.1。

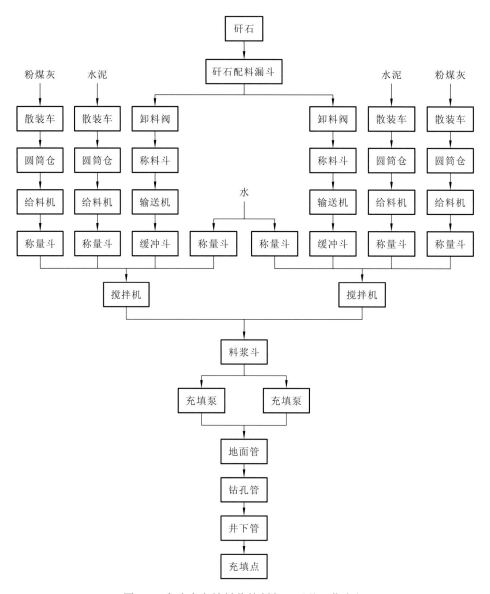

图 5.1 高浓度充填料浆的制备及泵送工艺流程

1. 充填材料储存与给料系统

充填材料主要为充填骨料、胶凝材料、充填用水。国内大部分矿山的充填材料供给系统一般都建立在地表，只有少数矿山的充填系统建立在井下，如大宝山根据矿区的地理条件，将充填系统布置在井下，更有利于提高充填效率，减少成本；随着"废石不出坑"倡议的提出，井下充填系统将会得到更多矿山的应用。受充填采矿用料不均衡的影响，储料系统的储料能力必须能够满足 2～3 d 正常充填的材料需求量。充填骨料储存在储料砂仓中，砂仓通常分为立式砂仓和卧式砂仓两种。立式砂仓可建于地面，也可建于地下，高度应为直径的 2 倍以上，一般用于储存湿物料，如尾砂等；卧式砂仓一般根据具体的地形采取不同的方式（挖方或填方）进行土建，灵活性较大，主要用于储存干物料。当矿山采用粗骨料时，需对粗骨料进行破碎筛分，满足要求的骨料送至骨料仓或堆场。破碎系统既可与充填系统同时工作（此时废料即破即用），又可以独立运行（此时加工出来的骨料存放在堆场备用）。根据不同的砂仓在砂仓下部采用不同的给料系统，如盘式给料机、皮带给料机等。水泥仓一般建于地表之上，水泥仓的容积为 1.5～2 d 正常充填水泥的用量，水泥仓中的水泥通过罐装水泥车运送，利用罐装水泥车内部的气压装置压送至水泥仓的顶部储存，水泥厂的顶部安置除尘装置来减少水泥灰，水泥仓下部给料系统通常采用螺旋式给料机。

2. 料浆制备的搅拌系统

各种充填材料根据不同的配比通过给料系统进入搅拌设施，由搅拌设施将其搅拌均匀，完成制浆。料浆需要搅拌得非常均匀，料浆搅拌得越充分，越有利于保证充填体强度和充填料浆的顺利输送，反之，则会降低充填的质量，并对充填料浆的输送造成阻碍，严重的还会引发充填事故。矿山的充填材料各不相同，有的材料易于形成均质的砂浆，有的却难以形成流动性较好的料浆，为了能对充填料浆进行充分搅拌，确保形成的料浆的流动性好，形成的充填体的质量高，对不同的充填材料组分，其搅拌的时间、强度等技术参数各不相同。根据搅拌的要求可采用一段搅拌和多段搅拌。随着计算机的发展，目前部分矿山已经开始采用智能化控制搅拌系统，如金川集团股份有限公司研发了分布式控制系统，对搅拌系统进行了各方位的自动控制，成功应用于矿山充填。

目前膏体充填的配比搅拌系统主要有两种运行方式，分别是一备一用和并行工作，这两种运行方式都能够保障充填设备可以连续生产大方量的膏体料浆，避免了堵管事故的发生。其中，一备一用方案可以在一台设备出现故障以后，立即启用另一台设备，保证了充填系统的能力不会降低，但是一备一用充填方案对搅拌机和给料机等设备的要求较高，其设备投入是并行工作的数倍。并行工作没有备用设备，存在充填过程中某台设备出现故障致使充填能力降低的缺陷，但是一般设备在正常维护下出现故障的概率很小，即使出现了故障，多数情况下也会在很短的时间内排除，短时间的充填能力降低对充填工作的影响不明显。

3. 充填料浆加压系统

当矿山充填倍线满足充填料浆自流输送要求时，为降低成本，应采用自流输送的方式进行料浆输送，必要时还需采取减压措施；但当充填倍线较大，无法实现自流输送时，就需要采用加压泵送的方式进行料浆输送。膏体和细石混凝土的泵送可采用建筑业中采用的液压双缸活塞式混凝土泵。目前国内外充填工业泵的制造技术已经比较成熟，国内湖南飞翼股份有限公司已成功研发出国内最大的 HGBS200/14-800 型充填加压泵，最大输送能力达到 200 m³/h。国外充填矿山大多数采用普茨迈斯特公司的充填泵，其中 KOS 1050 HCB 充填泵见图 5.2。表 5.1 为 KOS 25100 HP 充填泵主要技术参数。

图 5.2　KOS 1050 HCB 充填泵

表 5.1　KOS 25100 HP 充填泵主要技术参数

充填泵信息	主要技术参数
厂家	普茨迈斯特公司
型号	KOS 25100 HP
电机功率/kW	2×400
最大输送量/（m³/h）	150
最高泵送压力/MPa	14
工作压力/MPa	12
活塞冲程/mm	2 500
泵送缸直径/mm	360
冲程容积/L	254.3
泵出口管径/mm	250
最大冲程数/（次/min）	10.9
最短冲程时间/s	5.5
长×宽×高/mm	7 500×1 700×1 500
重量/kg	8 000

4. 充填料浆输送系统

充填料浆在搅拌桶搅拌后，通过充填管道计量后输送至井下各个待充地点。制备完成的充填料浆属于混合料浆，骨料不均匀，在输送管道输送过程中又具有体量大的特点，这就对充填输送管道的耐磨性有了较高的要求。一般普通输送管道无法满足矿山充填需求，需采用耐磨钢管、特殊材料制成的高强度耐磨充填管道或其他特制耐磨管道。

5. 充填过程控制系统

随着计算机技术、自动控制技术、信息通信技术的飞速发展，各个领域的控制系统已经由最初的简单逻辑控制开始逐步向自动化、智能化、信息化等方面发展，控制系统设计和控制系统功能配置直接决定着产品的性能与质量。充填膏体制备及泵送系统看似简单，但其系统要求极为苛刻，为保证充填生产过程的稳定可靠运行，满足充填工艺和充填质量要求，充填材料必须按照设计要求进行严格控制和准确计量。充填站控制系统的主要监测内容有五个方面，分别是料位、浆体高度、称重、流量、压力，常用的计量设备为流量计、浓度计、料位计和液位计等。充填生产过程中，通过计量设备对充填材料进行计量并进行数据汇总，再将得到的数据传输至中央控制系统，通过 PLC 的控制界面实现总体自动控制。

充填站控制系统采用工业计算机进行自动控制，设计原则是"检测准确、控制可靠、操作简便"。

第一，检测准确原则。充填材料性能特别是泵送性能对配比关系敏感，同时受经济成本的限制，配比中考虑的富余量较少，要求各项检测数据特别是物料计量数据必须准确，这是正确控制的基础。根据国内外充填经验，充填过程中充填料浆的质量分数的波动范围需要控制在 0.5%以内，所以充填系统以满足此条件为检测准确的衡量标准。

第二，控制可靠原则。因为充填系统停运会造成严重的管路堵塞，以后需要较长时间才能够恢复，所以从控制方案的选择、主机和仪表的选用考虑，需要坚持采用先进、成熟的技术，在关键环节设置失控或超限的声光报警，提前准备好事故处理方法，力争做到切实可靠。计算机控制系统要与机电二次控制电路连锁，集中操作。为了集中监视主要设备的运转情况，在主要岗位配备闭路电视监视系统。

第三，操作简便原则。考虑现场人员素质情况，充填站控制系统的计算机操作必须简便，要求一般工人经过培训以后能够完全正确地操作和使用。

5.2　充填料浆管流特性

5.2.1　流体模型

管道输送技术是高浓度料浆充填的核心技术之一，直接影响充填系统的运行状态及工作效率，而料浆的流变特性是实现料浆管道输送的基础。

流变学是研究外力作用下流体的流动与变形规律的科学，是研究流变参数随时间发展的科学。流变模型是流体在荷载作用下，其切变率和切应力间的关系（Rodi，1980）。图 5.3（郑伯坤，2011）为几种典型的流变模型曲线，其中曲线 I 为牛顿体，曲线 II 为宾厄姆塑性体，曲线 III 为塑流伪塑性流体，曲线 IV 为伪塑性流体（周爱民，2007；刘同有 等，2001；贺礼清，1998）。

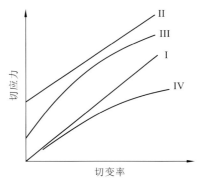

图 5.3　流体切变率与切应力关系曲线

1. 牛顿体模型

当流体浓度不高时，其切变率与切应力呈线性关系（图 5.3 中的曲线 I），该流变模型的流体为牛顿体，其流变特性可用式（5.1）表示。切变率与切应力关系的比例系数为黏性系数，是表征牛顿体流变特性的特征参数。

$$\tau = \eta \frac{\mathrm{d}u}{\mathrm{d}y} \tag{5.1}$$

式中：τ 为切应力，Pa；η 为黏性系数，Pa·s；$\mathrm{d}u/\mathrm{d}y$ 为剪切速率，s^{-1}。

2. 非牛顿体模型

现有研究表明，尾砂胶结充填料浆属于黏度较大的非牛顿体。根据流变特性的不同，非牛顿体分为宾厄姆塑性体、塑流伪塑性流体、伪塑性流体等几种流变模型。

1）宾厄姆塑性体

其流变曲线（图 5.3 中的曲线 II）是一条在切应力轴上有截距 τ_0 的直线，τ_0 即屈服应力或初始切应力，外力只有超过这一初始切应力，流体才会流动，其流变特性见式（5.2）。

$$\tau = \tau_0 + \eta \frac{\mathrm{d}u}{\mathrm{d}y} \tag{5.2}$$

式中：τ_0 为屈服应力，Pa。

由式（5.2）可知，宾厄姆塑性体的流变特性由屈服应力 τ_0 和黏性系数 η 描述。其中，屈服应力 τ_0 是由浆体中的细颗粒产生的，细颗粒在浆体中与周围物料进行物化作用形成絮团，絮团间相互搭接形成絮网，这种网状结构具有一定的抗剪能力，即具有一定的屈服应力，故料浆中的细颗粒含量与屈服应力的大小密切相关。

2）塑流伪塑性流体

塑流伪塑性流体也称 Hershel-Bulkley 体，是具有屈服应力的伪塑性流体，其流变曲线（图 5.3 中的曲线 III）是一条在切应力轴上有截距且上凸的曲线，其流变关系见式（5.3）。

$$\tau = \tau_0 + \eta \left(\frac{\mathrm{d}u}{\mathrm{d}y} \right)^{n_3} \tag{5.3}$$

式中：n_3 为流变特性指数，$n_3 = 1$ 的料浆浓度为临界流态浓度，$n_3 < 1$ 的料浆浓度低于临界流态浓度，$n_3 > 1$ 的料浆浓度高于临界流态浓度。

由式（5.3）可知，塑流伪塑性流体的流变特性由屈服应力、黏性系数和流变特性指数三个流变参数描述。从流变特性曲线可知，塑流伪塑性流体的剪切速率的增长比切应力快，表明流体结构容易被切应力所改变，产生剪切稀化现象。

需要指出的是，上述流变模型并不包括所有非牛顿体的流变特性，仅包括比较典型的流变特性。

3）伪塑性流体

伪塑性流体的流变曲线（图 5.3 中的曲线 IV）是一条通过原点的上凸曲线，其流变特性见式（5.4）。

$$\tau = \eta \left(\frac{\mathrm{d}u}{\mathrm{d}y} \right)^{n_3} \qquad (n_3 < 1) \tag{5.4}$$

伪塑性流体由黏性系数和流变特性指数描述其流变特性。伪塑性流体的特点是剪切速率的增长比切应力快，具有剪切稀化现象。

5.2.2　高浓度料浆的流变特性

充填料浆的浓度由低到高变化时，其黏度相应增大。当浓度接近或大于临界流态浓度而小于极限可输送浓度（将浓度略低于临界流态浓度的料浆称为高浓度料浆，高于临界流态浓度的料浆称为膏体）时，料浆便从一般两相流的非均质牛顿体转变为似均质流（结构流）的非牛顿体，流态特性发生了根本性的变化（许毓海和许新启，2004）。

很难简单地确定某个浓度值为形成结构流的临界值。每种料浆的临界浓度值将随着物料粒度组成的变化而发生变化，一般来讲，组成的物料粒度越细，其临界浓度值越低（表 5.2）。因此，对于每种充填料浆，需要通过试验才能找出其临界浓度值。

表 5.2　不同粒度料浆进入结构流状态的质量分数值

料浆类型	充填物料的平均粒径/mm	结构流临界浓度	
		质量分数/%	体积分数/%
水泥尾砂料浆	0.054	70~71	47
水泥风砂料浆	0.213	76~77	54.8
水泥磨砂料浆	0.615	77	55.5

高浓度充填料浆在充填管路中的流动过程分为两类：一类是两相流，另一类是结构流。由于充填料浆输送过程的复杂性，还未能从根本上解决其基本理论问题，即分清两相流和结构流间的结合点与分界点，因此充填料浆输送问题仍需要进一步研究，才能逐步解决浆料在输送过程中出现的堵管等问题。

5.3 两相流输送技术

5.3.1 影响水力坡度的因素分析

两相流又称非均质流或固液悬浮体，它是工业生产实践中通常应用的形式。在两相流输送中，固体物料一般在紊流状态中输送，其浮悬程度主要取决于与紊流扩散有关的浆体流速，同时在某一压力的作用下，浆体在管道中的流动必须克服与管壁产生的阻力和产生湍流时的层间阻力，综合起来称为摩擦阻力损失及水力坡度。影响水力坡度的因素有很多，主要有固体颗粒的粒径、粒径组成不均匀系数、物料密度、浆体流速、浆体浓度、黏度、温度、管道直径、管壁粗糙度及管路的敷设状况等。在固液两相流实际应用中，应以大于临界流速的速度输送，否则会发生沉降堵管事故。堵管事故的发生，是管道水力输送固体物料时最令人担心的技术问题。除杂物进入堵塞管道外，部分堵塞是由料浆浓度过高或料浆流速过低造成的。因此，在实际生产中输送浓度和输送速度的稳定是非常重要的。实践证明，输送速度越稳定，水力坡度越小（徐文斌和宋卫东，2016）。

1. 充填材料的物理性能

影响水力坡度的充填材料的基本物理性能包括物料粒径、固体颗粒静水沉降速度、固体颗粒沉降阻力系数、非球状颗粒干涉沉降、充填骨粒悬浮条件（王新民 等，2005）。

1）物料粒径

在管道直径、灰砂比和料浆浓度相同的条件下，水力坡度随颗粒粒径的增大而增大，因为颗粒粒径大，重力也大，克服颗粒沉降所需的能量也大，但是相同浓度的大粒径料浆在低流速区和高流速区的阻力损失不都比小粒径料浆的阻力损失大，物料粒度对水力坡度的影响如图 5.4 所示。

物料中固体颗粒大、硬度大且表面呈多棱形，多面体比圆球形物料阻力损失大。在水力输送中总是以加权平均粒径或等值粒径来大致反映全部固体颗粒的粗细，加权平均粒径的变化对均质浆体阻力损失的影响是很大的，因此采用管道输送固体物料时，对物料颗粒形状及颗粒粗细要严格筛选。一般认为，只要输送固体物料的粒径不超过管径的1/3，含量不超过 50%，就可输送，但在实际应用中为了保持料浆输送的稳定、可行，以固体颗粒最大粒径不超过管径的1/6～1/5为宜。固体颗粒粒径大小和粒级组成，不仅要满足材料强度的需要，而且要满足输送阻力损失小的要求，且固体最大颗粒和粒级组成是决定材料性质的重要因素。实践证明，对管道输送而言，材料颗粒组成的调整和输送浓度的提高可使料浆的输送性与稳定性保持较好的统一。

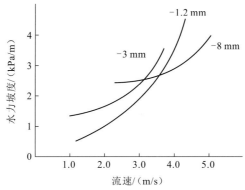

图 5.4　物料粒度对水力坡度的影响

2）固体颗粒静水沉降速度

颗粒在静水中由于重力作用产生自由沉降，颗粒处于匀速下沉时的速度定义为颗粒的沉降速度。沉降速度是固体颗粒的重要水力学特性，它表示固体在液体中相互作用时的综合特征，表示固体颗粒水力输送的难易程度，沉降速度越大，颗粒越难悬浮，也就越难水力输送，反之亦然，故沉降速度又称水力粗度。颗粒的密度、粒径、形状及雷诺数等对颗粒沉降速度有较大的影响。雷诺数 Re 是流体流动时的惯性力与摩擦力的比值：

$$Re = (v_0 D)/\eta \tag{5.5}$$

式中：Re 为雷诺数；v_0 为流体的速度，m/s；D 为管径，m；η 为黏性系数。

圆形颗粒的沉降速度计算公式在不同情况时不同，具体如下：

当 $Re \leqslant 1$（层流运动）时，用斯托克斯公式：

$$v_s = 54.5 d_s^2 \frac{(\rho_s - \rho_w)}{\eta} \tag{5.6}$$

式中：d_s 为固体颗粒直径，m；ρ_s 为固体颗粒密度，kg/m³；ρ_w 为水的密度，kg/m³；v_s 为沉降速度，m/s。

当 $Re = 2 \sim 500$（介流运动）时，用阿连公式：

$$v_s = 25.8 d_s \left[\left(\frac{\rho_s - \rho_w}{\rho_w} \right)^2 \left(\frac{\rho_w}{\eta} \right) \right]^{1/3} \tag{5.7}$$

当 $Re > 1\,000$（紊流运动）时，用牛顿-雷廷格公式（Newton-Rettinger formula）：

$$v_s = 51.1 \left[\frac{d_s (\rho_s - \rho_w)}{\rho_w} \right]^{1/2} \tag{5.8}$$

对非球状颗粒，式（5.8）中的 d_s 应该换成当量直径：

$$d_d = \left(\frac{6 V_p}{\pi} \right)^{1/3} \tag{5.9}$$

式中：d_d 为非球状颗粒当量直径，m；V_p 为固体颗粒实际体积，m³。

现代流体力学直接或间接地利用临界流速和水力坡度来表征固相颗粒的沉降，圆满地解决了球状颗粒在流体中运动时受到阻力的理论计算问题，也通过球状颗粒的形状校正系数来获得非球状颗粒的沉降速度。表 5.3 是非球状颗粒的沉降速度修正系数，不同流态、不同形状固体颗粒的总阻力系数 ψ 与雷诺数 Re 的关系如图 5.5 所示。

表 5.3 非球状颗粒的沉降速度修正系数

固体颗粒形状	修正系数 α_k	
	一般	平均
椭圆形颗粒	0.8～0.9	0.85
多角形颗粒	0.7～0.8	0.75
长方形颗粒	0.6～0.7	0.65
板状颗粒	0.4～0.6	0.5

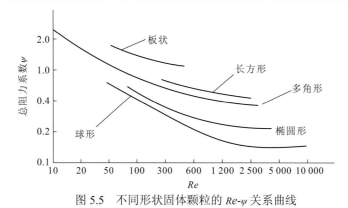

图 5.5 不同形状固体颗粒的 Re-ψ 关系曲线

3）固体颗粒沉降阻力系数

固体颗粒在水中做等速沉降运动或被上升水流悬浮时，所受到的重力必须与阻力平衡，即重力等于阻力和浮力之和。若颗粒为圆球形，颗粒干密度 x 可用下列方程式表示。

在层流和介流区内：

$$x = \frac{\rho_s - \rho_w}{2.65 - 1} \tag{5.10}$$

在紊流区内：

$$x = \sqrt{\frac{\rho_s - 1}{2.65 - 1}} \tag{5.11}$$

式中：ρ_s 为固体颗粒密度，kg/m^3；ρ_w 为水的密度，kg/m^3。

$$\rho_s g \frac{\pi d_s^3}{6} = 6\psi \frac{\rho_w v_s^2}{\pi d \rho_s} + \rho_s g \frac{\pi d_s^3}{6} \tag{5.12}$$

圆球形颗粒沉降总阻力系数 ψ 为

$$\psi = \frac{\pi}{6} \frac{(\rho_s - \rho_w) g d_s}{\rho_s v_s^2} \tag{5.13}$$

式中：ρ_s 为固体颗粒密度，kg/m^3；d_s 为固体颗粒直径，m；ρ_w 为水的密度，kg/m^3；v_s 为颗粒的静水沉降速度，m/s。

在工程应用中，ψ 的值通常依雷诺数而定：

当 $Re<1$ 时，$\psi=3\pi/Re$；

当 $Re=25\sim500$ 时，$\psi=5\pi/4Re^{0.5}$；

当 $Re=500\sim1040$ 时，$\psi=\pi/16$。

4）非球状颗粒干涉沉降

工程应用中的固体颗粒的外形是不规则的，表面粗糙、外形不对称，因此在静水中沉降时颗粒由于受力不均会产生转动，同时在颗粒周围会产生绕流现象，不规则形状的固体颗粒受到的流体阻力比球状颗粒大，沉降速度比球体的小。因此，非球状颗粒的沉降速度计算应首先算出其当量直径 d_d 的沉降速度，再以修正系数 α_k 进行修正。在实际输送中，固体颗粒是成群运动的，固体颗粒之间、固体颗粒与管壁之间难免会发生机械碰撞和摩擦，因此颗粒所受的阻力还是要考虑这些内容。可以推想，机械碰撞的附加阻力与沉降环境（空间大小）、颗粒多少（浓度）等有关，可见固体颗粒之间的机械碰撞与摩擦产生的机会越多，固体颗粒下沉的阻力越大，干涉沉降速度越小，反之亦然。因此，当固体颗粒的粒度越细、浓度越大、形状越不规则、表面越粗糙时，流体对颗粒产生的阻力越大，沉降速度越小，反之越大。因此，干涉沉降是十分复杂的，难于用确定的数学方法计算。实践证明，干涉沉降速度比自由沉降速度小得多。丁宏达（1990）等用各种浓度的金属料浆进行试验，提出了干涉沉降速度的计算公式：

$$v_{g.c} = v_s C_s \exp\left(-\frac{E_s m_t}{m_{m.t} - m_t}\right) \tag{5.14}$$

式中：$v_{g.c}$ 为干涉沉降速度，m/s；v_s 为单个球状固体颗粒在静水中的沉降速度，m/s；C_s 为与颗粒性质有关的试验系数（试验测定为 $0.0315\sim0.178$）；E_s 为与颗粒性质有关的指数（试验测定为 $0.417\sim1.997$）；m_t 为固体物料的体积浓度；$m_{m.t}$ 为最大沉降浓度。

5）充填骨料悬浮条件

在固体物料的水力输送中，当浆料处于某一流速时，固体物料能否悬浮，直接影响料浆的顺利输送和系统的正常运行。对于矿山充填，就是根据料浆的配合比确定其最低输送速度。目前，固体物料的悬浮条件为 $S'_v \geqslant v_c$。S'_v 由下式计算：

$$S'_v \geqslant 0.13v\left(\frac{\lambda_0}{K_0 C_{u,v}}\right)^{1/2}\left[1+1.72\left(\frac{y^{1.8}}{r}\right)\right] \tag{5.15}$$

式中：S'_v 为垂直脉动速度均方差；v_c 为固体颗粒的沉降速度；v 为料浆的输送速度；λ_0 为摩擦阻力系数，可按尼古兹公式计算，即 $\lambda_0 = K_1 K_2 /(2\lg D/2\Delta+1.74)^2$，$K_1$ 为管路敷设质量系数，$K_1=1\sim1.5$，K_2 为管路接头系数，$K_2=1\sim1.18$，Δ 为管壁绝对粗糙度；$C_{u,v}$ 为输送介质黏度与输送速度之间的相关系数；K_0 为试验常数，$K_0=1.5\sim2$；y 为固体颗粒距管道中心的距离；r 为输送管道的半径。

2. 充填料浆的特性

充填料浆的特性对其水力坡度具有直接的影响，在水力计算中，通常所用的料浆特性有充填料浆配合比、充填浆体密度、充填料浆黏度、料浆的体积浓度等。

1）充填料浆配合比

充填料浆配合比取决于充填材料、充填系统、充填倍线、采矿对充填体质量的具体要求等，充填料浆配合比通常采用室内试验进行优化设计确定。此类试验将影响充填成本和充填质量的具体指标，任何新材料、新工艺的应用首先要经过配合比试验和具体参数的优选。目前，室内的料浆配合比试验多采用经验法，就是工程师根据对系统情况的了解，依据相关经验或参考以往资料对水灰比、灰砂比等做出预测，依次确定试验方案，进行强度试验，之后依据初步试验结果，对方案进行部分调整，如此反复使试验结果不断向真值靠近，对料浆的流动性能采取肉眼观察与估计的方法。这种试验方法具有试验量大、难以找到真值的缺点，因此建议采用正交设计或均匀设计等方法来安排试验，之后对试验结果进行回归分析，找到试验目标值（如抗压强度、流动性等）与各材料用量之间的数学关系，之后确定某些变量（如水泥耗量最小值），其余变量可通过对方程求导解出，最后对计算结果进行试验验证。这种方法具有试验量小，对真值的寻找快速、准确等优点。配合比对摩擦阻力损失的影响表现在以下几个方面。

（1）料浆灰砂比。增大料浆灰砂比，即增大料浆的水泥含量，有利于减小水力坡度，这是因为在充填料浆的输送流速下，水泥的粒度很小，可以认为其不发生沉降，它与水一起形成了重介质悬浮液，因为固体颗粒在重介质悬浮液中更容易悬浮，这就使固体颗粒在其中的沉降速度大大减小，从而减小了料浆沿管道流动的水力坡度。反之，减小水泥含量就等于降低了固体颗粒所受的悬浮力，使浆体变成沉降型固液两相流，固体颗粒沉降速度的增大，会导致水力坡度的增大。水泥在充填料浆中不仅起到胶凝作用，还在管道输送过程中起到润滑作用，因此水泥含量的变化必然会影响到阻力损失的变化。

（2）料浆水灰比。水灰比增大，就是增大了料浆的输送浓度，因此也增大了水力坡度。

（3）混凝土外加剂。两相流管道水力输送中，外加剂对于摩擦阻力的影响非常大。首先，絮凝剂的加入增大了管道摩擦阻力，其原因是絮凝剂使细物料凝结，形成絮状集团，在这些凝聚的细料中，包裹了许多拌和水，使它们不能输送介质，而是和细料一起承担骨料的角色，因此严重影响了充填料浆的输送性能。但是，在许多矿山中充填细料都是先以很低的浓度通过管道输送到矿山充填搅拌站中，之后再用来制备充填料浆。为了保证充填料浆的输送浓度，只能采用加入絮凝剂的方法，因此絮凝剂是影响输送浓度的重要因素。在自流充填系统中，高效减水剂可以大幅度地提高充填料浆的浓度，其本质是在不减少水量的条件下改善料浆的输送性，在保证料浆输送性的前提下减少用水量。

2）充填料浆密度

充填料浆的密度是指单位体积料浆的质量，多采用流量计法测定，也可用定容称重的方法或根据料浆的配合比计算。若充填料浆由三种材料组成，按照配合比可得充填料

浆的密度 ρ：

$$\rho = \frac{G_1 + G_2 + G_3}{G_1/\rho_1 + G_2/\rho_2 + G_3/\rho_3} \tag{5.16}$$

式中：G_1、G_2、G_3 分别为三种充填材料的单位体积消耗量；ρ_1、ρ_2、ρ_3 分别为三种充填材料的密度。

在充填材料及物料用量比例确定的前提下，充填料浆密度增加，意味着充填料浆的浓度增加，因此沿程阻力损失增加。如果充填材料或各物料用量比例的变化使料浆密度增加，也会增加阻力损失。

3）充填料浆黏度

在充填料浆的水力计算中，水泥浆在流动或静止瞬间可以认为处于完全悬浮的状态，不发生沉降，水泥浆就成为重介质流体。输送介质和相对密度为 1.373，故可依据托马斯方程求得输送介质的相对黏度：

$$\frac{\mu_m}{\mu_1} = 1 + 2.5m_{t.c} + 10.05m_{t.c}^2 + k_0 e^{B_0 m_{t.c}} \tag{5.17}$$

式中：μ_m 为浆体黏度，Pa·s；μ_1 为悬浮介质（水）的黏度，Pa·s；$m_{t.c}$ 为水泥浆体积浓度；k_0、B_0 分别为固体物料特性系数，对水泥可分别取 0.002 73、16.6。

4）浆料体积浓度

充填料浆的体积浓度（m_t）是单位料浆体积内固体物料体积所占的百分含量，在几乎所有的水力坡度计算公式中，料浆的浓度都使用体积分数。对体积分数的计算，通常使用以下两种方法。

第一种是密度法：

$$m_t = \frac{\rho_j - \rho_w}{\rho_g - \rho_w} \tag{5.18}$$

式中：ρ_j 为料浆密度；ρ_w 为水的密度；ρ_g 为固体密度。

当料浆内有多种固体物料时，其密度的计算通常采用平均法，即

$$\rho_g = \rho_{g1} N_1 + \rho_{g2} N_2 + \cdots \tag{5.19}$$

式中：ρ_g 为固体密度；ρ_{g1} 为第一种固体料浆密度；ρ_{g2} 为第二种固体料浆密度；N_1 为第一种固体料浆所占的比例；N_2 为第二种固体料浆所占的比例。

第二种是配合比算法，若固体物料由 G_1、G_2 两种充填材料组成，则

$$m_t = \frac{G_1/\rho_1 + G_2/\rho_2}{G_1/\rho_1 + G_2/\rho_2 + G_w/\rho_w} \tag{5.20}$$

式中：G_1、G_2 分别为单位体积两种充填材料的用量；ρ_1、ρ_2 分别为单位体积两种充填材料的密度；G_w 为单位体积水的用量。

摩擦阻力随着浓度的增加而增大，因为浓度的增大意味着单位体积浆体内固体物料含量的增长，为使所有的固体物料悬浮，克服固体颗粒的重力所需消耗的能量也相应增加，因而压力损失增大，水力坡度增大。

3. 管道特性

管道对水力坡度大小的影响，表现在管径、管壁粗糙度、管道的材质和敷设状况等。

1）管径对水力坡度的影响

管径对摩擦阻力的大小有重要影响，随着管径的增大，其摩擦阻力减小，这是因为在一定时间内流过相同数量的料浆，大管径要比小管径的接触面积小，因而摩擦阻力也减小。管径对水力坡度的影响如图 5.6 所示。

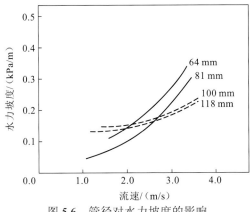

图 5.6　管径对水力坡度的影响

2）管壁粗糙度对水力坡度的影响

管壁粗糙度与摩擦阻力大小成正比，即管壁越粗糙，摩擦阻力越大，反之亦然。在充填料浆中掺入水泥、粉煤灰等超细物料，虽然增加了料浆的黏度，但却大大改善了管壁边界层的摩擦阻力，因为超细物料在管壁形成了一层润滑膜，有助于减小管道阻力。图 5.7 为管壁粗糙的钢管与管壁光滑的塑料管在相同条件下水力坡度的比较。

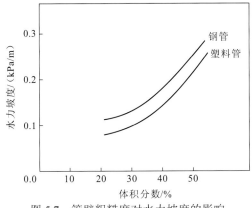

图 5.7　管壁粗糙度对水力坡度的影响

3）管壁其他因素对水力坡度的影响

管道的材质对水力坡度也有很明显的影响，如高碳钢管路的摩擦阻力大于低碳钢；

管路的敷设如法兰盘的连接、是否保证管心对准等会影响料浆的压力损失。同时，在充填系统中，弯管数量的增加也会增加料浆的水力坡度。在影响料浆管道输送的以上因素中，物料和管径的确定以流速的影响程度最大，浓度次之。

在设计和实际应用过程中，对输送管道必须综合考虑以上各因素，要全面兼顾，不能顾此失彼，应将试验和理论计算结合起来，合理确定管道输送参数，使其获得最佳的工艺技术效果和经济效益。

5.3.2　水力输送参数计算

1. 水力坡度的计算

充填料浆水力坡度的计算，在水力输送固体物料工程中极其重要。在深井充填中，它关系到管道直径、输送速度、降压措施及满管输送措施、耐磨管型等关键参数的选择和确定，因此占有重要地位。两相流输送理论是在紊流理论的基础上发展起来的，至今还不完善，目前流行的主要有扩散理论（适合平均粒径 $d_g \leq 2 \ \text{mm}$ 的情况）、重力理论和扩散-重力理论（适合 $d_g > 5 \ \text{mm}$ 的情况）。

两相流的水力计算公式尽管很多，但都是基于上述理论发展起来的，因此均只适合于具体的固体物料和输送条件，都存在着一定的局限性。生产实践证明，这些计算公式的计算值往往有一定的误差，因此在应用时要从多方面比较分析，或在工程应用之前通过专门试验来验证所计算的输送参数值。目前，国内一般采用金川公式和瓦斯普"复合系统"计算法。

1）金川公式

金川公式是在对大量棒磨砂胶结充填料浆进行试验的基础上，通过对试验资料的总结和归纳整理，由广西金川有色金属有限公司、长沙矿山研究院、长沙有色冶金设计研究院有限公司共同对环管试验资料进行分析整理，采用参数组合，利用对数坐标作图法，使曲线直线化推导出来的，之后用国内外的一些实测数据进行了校验，同时与其他一些公式进行了比较。结果证明，金川公式的相对误差较小，可以作为水力输送固体物料的设计计算公式。金川公式为

$$i_j = 9.8i_0\left\{1 + 108m_t^2\left[\frac{gD(\rho_g - 1)}{v_t^2\sqrt{C_x}}\right]^{1.12}\right\} \quad (5.21)$$

式中：i_j 为水平直管料浆水力坡度，Pa/m；i_0 为水平直管清水水力坡度，Pa/m，$i_0 = 9.8\lambda\dfrac{L}{D}\cdot\dfrac{v^2}{2g}$；$m_t$ 为料浆的体积浓度，%；g 为重力加速度，m/s²；D 为管径，m；v_t 为料浆流速，m/s；L 为管道长度，m；C_x 为颗粒沉降阻力系数，$C_x = \dfrac{4}{3}\cdot\dfrac{(\rho_g - \rho_w)gd}{\rho_w v_s^2}$，$d$ 为物料颗粒粒径，cm，ρ_g 为固体物料密度，t/m³，ρ_w 为水的密度，t/m³，v_s 为颗粒的静

水沉降速度，m/s。

摩擦阻力系数 λ_0 值，根据对无缝钢管（4#）测定结果，考虑管道敷设的情况，按尼古拉兹公式乘以系数 K_1、K_2 求得

$$\lambda_0 = \frac{K_1 K_2}{\left(2\lg\dfrac{D}{2\varDelta} + 1.74\right)^2} \tag{5.22}$$

式中：K_1 为管道敷设质量系数，取值为 $1\sim1.15$，视管道敷设的平直程度而选取；K_2 为管道接头系数，取值为 $1\sim1.18$，视管段法兰盘的焊接、管道的连接质量和接头数的多少而选取；$\varDelta$ 为管壁绝对粗糙度，mm。

2）瓦斯普"复合系统"计算法

瓦斯普"复合系统"计算法在南非深井矿山充填中得到了普遍应用，瓦斯普认为复合系统的水头损失是各粒级组成的载体部分与剩余固体颗粒的非均质部分在管道输送中各自产生的水头损失之和，即

$$i_{\mathrm{j}} = i_{\mathrm{w}} + i_{\mathrm{x\cdot p}} \tag{5.23}$$

式中：i_{w} 为"两相载体"运动产生的水头损失，$i_{\mathrm{w}} = \dfrac{4fv^2}{2gD}\cdot\dfrac{\rho_{\mathrm{j}}}{\rho_0}$，$f$ 为摩擦阻力系数，ρ_0 为水密度；$i_{\mathrm{x\cdot p}}$ 为剩余固体颗粒形成非均质浆体在运行中产生的附加水头损失，以杜兰德公式为例，

$$i_{\mathrm{x\cdot p}} = 82 m_{\mathrm{t\cdot x\cdot p}}\left[\left(\frac{gD}{v_{\mathrm{c}}^2}\right)\left(\frac{\rho_{\mathrm{g}} - \rho_0}{\rho_0}\right)\frac{1}{\sqrt{C_x}}\right]^{1.5} i_0 \tag{5.24}$$

式中：$m_{\mathrm{t\cdot x\cdot p}}$ 为非均质部分的体积浓度，$m_{\mathrm{t\cdot x\cdot p}} = \left(1 - \dfrac{m}{m_{\mathrm{c}}}\right)m_{\mathrm{t}}$，$m/m_{\mathrm{c}}$ 为管顶 $0.08D$ 处与管轴轴心处固体体积浓度之比，按紊流维持颗粒悬浮的扩散机理的算式计算，即 $\dfrac{m}{m_{\mathrm{c}}} = 10^{-(1.8v_{\mathrm{s}}/K_{\mathrm{k}}\beta_{\mathrm{x}}U_1)}$，$v_{\mathrm{s}}$ 为固体颗粒沉降速度，mm/s，K_{k} 为卡门系数，β_{x} 为伊斯梅尔系数，当粒径为 0.1 mm 时，$\beta_{\mathrm{x}} = 1.3$，当粒径为 0.16 mm 时，$\beta_{\mathrm{x}} = 1.5$，U_1 为摩擦流速，m/s，$U_1 = \overline{v_t}\sqrt{\dfrac{\lambda}{2}}$，$\overline{v}$ 为浆体平均流速，m/s。

实践表明，用瓦斯普"复合系统"计算法计算的水力坡度值偏大。

2. 临界流速及有关管道参数计算

1）临界流速的计算

在非均质料浆的管道输送中，当其他参数确定时，流速与水力坡度的关系如图 5.8 所示。从图 5.8 可知，水力坡度随流速的增大而增大，但是流速进一步升高，水力坡度反而随流速的增加而减小，一直达到 A 点，之后水力坡度又上升。通常把 A 点的流速称为淤积临界流速，而当流速大于 B 点时，浆体为均匀悬浮状态，其水力坡度线为直线，工程上两相流的速度取值范围应在 A、B 之间。

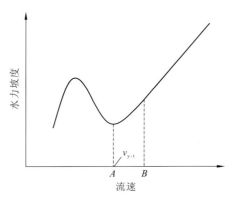

图 5.8 非均质料浆的水力坡度与流速的关系曲线

临界流速通常采用水力坡度函数对流速进行求导的方法或利用经验公式得到。经验公式的适用范围比较局限，不具有普遍性。刘德忠（2020）对浓度进行分区，给出了非均质浆体临界流速的计算公式。

当 $\rho_j < 1.3 \ \text{g/cm}^3$ 时，

$$v_{y \cdot t} = 9.5 \left[gDv_c (\rho_j - \rho_w) \frac{\rho_j - \rho_w}{\rho_w} \right]^{0.334} m_t^{0.167} \tag{5.25}$$

当 $\rho_j > 1.3 \ \text{g/cm}^3$ 时，

$$v_{y \cdot t} = 9.5 \left\{ gDv_c \left(\frac{\rho_j - \rho_w}{\rho_w} \right)^{0.334} m_t^{0.167} \left[1 - \left(\frac{m_t}{D_{50}^{0.5}} \right) \right]^{0.334} \right\} \tag{5.26}$$

2）临界管径的计算

浆体输送临界管径的计算可按下式进行：

$$D_{\min} = 0.384 \sqrt{\frac{A_t}{m_z \rho_j v B_d}} \tag{5.27}$$

式中：$D_{\min}$ 为最小输送管径，mm；A_t 为每年输送总量，万 t/a；m_z 为料浆质量分数，%；ρ_j 为料浆密度，t/m³；v 为浆体输送速度，m/s；B_d 为每年工作天数，d。

3）通用管径的计算

浆体输送通用管径的计算公式如下。适用条件：0.5 mm$<d_{cp}<$10 mm，100 mm$\leqslant D_t \leqslant$ 400 mm（d_{cp} 为固体颗粒物料加权平均粒径，mm）。

当 $\delta \leqslant 3$ 时，

$$D_t = \left[\frac{0.13 Q_j}{\mu_s^{0.25} (\rho_j - 0.4)} \right]^{0.43} \tag{5.28}$$

当 $\delta > 3$ 时，

$$D_t = \left[\frac{0.113 \, 2 Q_j \delta^{0.125}}{\mu_s^{0.25} (\rho_j - 0.4)} \right]^{0.43} \tag{5.29}$$

式中：D_t 为通用管径，m；δ 为固体颗粒的不均匀系数，$\delta = D_{90}/D_{10}$；Q_j 为浆体流量，m³/s；μ_s 为 d_{cp} 颗粒的静水沉降速度，m/s。

当计算管径与标准管径不符时，可对管径进行适当放大，以便选用与计算管径接近的标准管径。

4）管壁厚度的计算

输送管道管壁厚度的计算公式很多，对于矿山充填，比较普遍采用的公式为

$$t = \frac{k_p P_{max} D_{min}}{2[\delta] E F_d} + C_1 T + C_2 \tag{5.30}$$

式中：t 为输送管道壁厚，mm；P_{max} 为管道允许的最大工作压力，MPa；$[\delta]$ 为管道的抗拉许用应力，MPa，常取最小屈服应力的80%；E 为焊接系数；F_d 为地区设计系数；T 为服务年限，a；C_1 为年磨钝余量，mm/a；C_2 为附加厚度，mm；k_p 为压力系数。

5）充填垂直钻孔套用管材壁厚的计算

$$\delta_d = \frac{P D_i}{2[\delta]} + K_c \tag{5.31}$$

式中：δ_d 为管材壁厚公称厚度，mm；P 为管道所承受的最大工作压力，MPa；D_i 为管道的内径，mm；K_c 为腐蚀量，mm，钢管取 2～3 mm，铸铁管取 7～10 mm。$[\delta]$ 为管道的抗拉许用应力，MPa。不同管材的抗拉许用应力如下：焊接钢管取 60～80 MPa；无缝钢管取 80～100 MPa；铸铁钢管取 20～40 MPa。

3. 充填系统水力计算

深井矿山充填系统的设计中，最大的技术困难在于地表到井下采场的高差大，充填系统中垂直管道过长，水平管道过短，从而引起的管道磨损严重、管道压力过大等问题。为了解决这些问题，研究满管输送技术的具体实现措施成为管道输送的关键。图 5.9 是一个典型的深井矿山充填管路布置示意图。

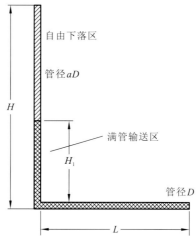

图 5.9 深井矿山充填管路布置示意图

1）变径管满管输送的水力坡度

变径管满管输送系统示意如图 5.9 所示。设水平管长为 L，管径为 D，垂直管长为 H，管径为 aD（$a < 1$ 为降压满管输送系统；$a = 1$ 为均匀管径输送系统；$a > 1$ 为高压满管输送系统，考虑到矿山的具体情况，$a \leqslant 1$）。为计算简便起见，假设管道材质相同，即水力粗糙度、管道敷设质量系数和接头系数相同。水力坡度的计算选择金川公式。

水平管道中摩擦阻力系数为

$$\lambda_1 = \frac{K_1 K_2}{\left(2\lg \dfrac{D}{2\Delta} + 1.74\right)^2} \tag{5.32}$$

清水水力坡度为

$$i_{01} = \lambda_1 \frac{L}{D} \cdot \frac{v_1^2}{2g} \tag{5.33}$$

料浆水力坡度为

$$i_{j1} = i_{01}\left\{1 + 108m_t^2\left[\frac{gD(\rho_g - 1)}{v_t^2 \sqrt{C_x}}\right]^{1.12}\right\} \tag{5.34}$$

垂直管道中摩擦阻力系数为

$$\lambda_2 = \frac{K_1 K_2}{\left(2\lg \dfrac{aD}{2\Delta} + 1.74\right)^2} \tag{5.35}$$

令 $\dfrac{\lambda_1}{\lambda_2} = \left(\dfrac{2\lg \dfrac{aD}{2\Delta} + 1.74}{2\lg \dfrac{D}{2\Delta} + 1.74}\right)^2 = k_p$，不难推出：

$$k_p = \left(1 + \frac{2\lg a}{P}\right)^2 \tag{5.36}$$

式中：$P = 2\lg \dfrac{D}{2\Delta} + 1.74$。

当水平管道选择好后，P 为一定值。可见，k_p 是随着垂直管道直径变化系数 a 的变化而变化的，因此

$$\lambda_1 = k_p \lambda_2 \tag{5.37}$$

清水的水力坡度为

$$i_{02} = \lambda_2 \frac{L}{D} \cdot \frac{v_2^2}{2g} \tag{5.38}$$

垂直管中的流速为

$$v_2 = \frac{v_1}{a^2} \tag{5.39}$$

$$\frac{i_{01}}{i_{02}} = k_p a^5 \tag{5.40}$$

当管道直径变化时，清水的水力坡度变化较快，若管道直径减小率为 a_0，则水力坡度的增长与直径减小率呈现 5 次方的关系。垂直管道料浆的水力坡度为

$$i_{j2} = i_{02}\left\{1 + 108m_t^2\left[\frac{gD(\rho_g - 1)}{v_t^2\sqrt{C_x}}\right]^{1.12}\right\} \tag{5.41}$$

用式（5.34）除以式（5.41），并将式（5.37）、式（5.39）、式（5.40）代入，可得到以下结果：

$$\frac{i_{j1}}{i_{j2}} = \frac{a + A_0}{1 + a^{5.6}A_0}k_pa^5 \tag{5.42}$$

其中，$C_0 = 108m_t^{3.96}\left[\frac{gD(\rho_g - 1)}{v_t^2\sqrt{C_x}}\right]^{1.12}$，说明充填料浆的性能在水平和垂直管道中相同，式中同时将水平管的直径当成不变量。

由以上计算结果不难看出，管径的变化对充填料浆的水力坡度的影响很大，料浆水力坡度与管径缩小的比例呈指数关系增长。可见，变径管满管输送系统在理论上是完全可行的。

2）变径管满管输送系统垂直管道高度 H_1 的确定

在水平和垂直管径确定的条件下，为了克服料浆沿管道输送的沿程阻力损失，所需要的自然静压是一定的，如图 5.9 中的 H_1，此时系统的能量处于平衡状态：

$$\rho_1 H_1 = i_{01}L + i_{02}H_1 \tag{5.43}$$

将以上计算的 i_{01}、i_{02} 代入式（5.43），可得垂直管长 H_1 与水平管长 L 的关系：

$$H_1 = B_1L \tag{5.44}$$

其中，

$$B_1 = \frac{i_{j1}}{\gamma_j - i_{j2}} = \frac{1}{\dfrac{\gamma_j}{i_{j1}} - \dfrac{1 + a^{5.6}C_0}{k_p(1 + C_0)a^5}} = \left[\frac{\gamma_j}{i_{j1}} - \frac{1 + a^{5.6}C_0}{k_p(1 + C_0)a^5}\right]^{-1} \tag{5.45}$$

式中：B_1 为垂直管长与水平管长之比；i_{j1} 为水平管道料浆水力坡度；i_{j2} 为垂直管道料浆水力坡度；γ_j 为料浆浓度；a 为管道直径变化系数；k_p 为压力系数。

由式（5.45）不难看出，垂直管道中满管部分的长度由料浆性质、水平管道中料浆的摩擦阻力损失、垂直管直径、水平管长度决定。为了达到满管流输送的具体目的，应该使 $H_1 = H$，此时可以得到 $H = B_1L$。因此，

$$B_1 = H / L \tag{5.46}$$

式（5.46）说明，满管流输送系统的关键在于正确确定 B_1 的值。在特定的充填系统条件下，系统的垂直管长度 H 和水平管道长度 L 是已知的，因此 B_1 值也就是相应确定的。由于各个矿山系统不同，满管输送的 B_1 值也存在差异。具体设计过程中在确定了 B_1 值的前提下，选择垂直管道直径，即确定 a 时可能会出现以下情况：

（1）B_1 值过大，使所求得的 a 值很小，此时应依据 a 值的具体情况，选择在垂直管道中添加装置或使用分段减压方案。

（2）依据 B_1 值求得 a 在垂直管道直径的计算过程中，出现所选管径为非标准管道的情况，此时，选择的垂直标准管道直径应略大于计算值。

5.4　结构流输送技术

5.4.1　影响流体阻力的因素分析

高浓度（膏体）充填料浆中的固体颗粒不产生游离沉淀，料浆成为稳定结构型。由于膏体料浆像塑性结构体一样在管道中做整体运动，其中的固体颗粒不发生沉淀，层间也不出现交流，而呈现"柱塞"状运动状态。管道内膏体流态分布详见图 5.10（吴爱祥，2016）。膏体柱塞断面上的速度和浓度为常数，只是滑移层的速度有一定的变化。近柱塞体管壁处的速度梯度、摩擦阻力与柱塞体表面的滑移层的黏度有关。

图 5.10　管道内膏体流态分布

结构流充填料浆沿管道流动必然受到阻力，该阻力由两个分力组成，即料浆与管壁之间的摩擦力和料浆产生湍流时的层间阻力，其统称为流体阻力，单位管道长度内的流体阻力与水灰比的大小、输送速度、输送压力、料浆浓度、物料粒度组成及细粒级含量有密切关系。

1. 水灰比对流体阻力的影响

料浆的水灰比直接影响流体阻力的大小，水灰比太小，不能使充填料达到饱和水状态，难以在料浆与管道之间形成润滑层，导致输送阻力大。图 5.11 是基于泵送混凝土的一种典型流体的水灰比对其他流体阻力的影响模式。当水灰比由 0.3 增至 0.6 时，流体从未饱和水状态、过渡状态转变为饱和水状态，处于过渡状态的流体阻力由两种性质的阻力组成。由图 5.11 可见，若料浆处于饱和水状态，其流体阻力是最低的。当料浆所含集料孔隙率大、水泥含量低、具有很大的渗透性时，料浆可能脱水，脱水将使料浆从饱和水状态转变为过渡状态或未饱和水状态，从而使流体阻力相应地急剧增大，对物料的输送极为不利。因此，应特别注意充填物料可输送状态的稳定性。

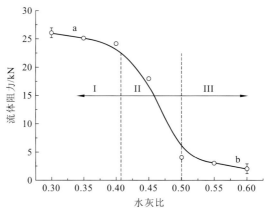

图 5.11　水灰比对流体阻力的影响

I 为未饱和水状态；II 为过渡状态；III 为饱和水状态；a 为未饱和混凝土；b 为饱和混凝土

2. 输送管径对流体阻力的影响

假设任一流体在圆管中以某一固定速度流动，作用于该流体某单元上的流体阻力可以表示为

$$F_\text{p} = \frac{D_\text{i}}{4} \cdot \frac{\mathrm{d}p}{\mathrm{d}x} \tag{5.47}$$

式中：F_p 为流体阻力，指作用于管内壁单位面积上的力；$\dfrac{\mathrm{d}p}{\mathrm{d}x}$ 为流动方向上的压力变化率；D_i 为管道内直径；p 为输送压力。

对式（5.47）进行变换可得

$$\frac{\mathrm{d}p}{\mathrm{d}x} = \frac{4F_\text{p}}{D_\text{i}} \tag{5.48}$$

可见，流体阻力 F_p 可用一定直径的水平直管的单位长度上所需压力的大小来表示，如图 5.12 所示。当流体阻力相同时，管径越小，每米管道所需要的压力越大。随流体阻力的增大，管径越小，这种单位长度所需要的压力越大。因此，应根据生产能力的要求，选择合理的管径。

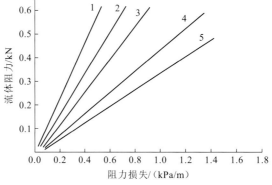

图 5.12　不同管径流体阻力与阻力损失的关系

1 为管径是 305 mm；2 为管径是 203 mm；3 为管径是 152 mm；4 为管径是 102 mm；5 为管径是 76 mm

3. 输送速度对流体阻力的影响

充填料进入结构流运动状态，即料浆浓度达到形成结构流的临界浓度以上后，其输送阻力与输送速度的关系，由一般的水力输送下凹曲线变化到近似线性关系；浓度进一步提高后，则成为向上凸的曲线关系，如图 5.13 所示。这种上凸曲线关系意味着，高速输送时，随流速的增加，流体阻力的增长趋势变缓。在低流速区段，随着输送速度的增大，流体的阻力损失快速增加。结构流体的黏度大，流体阻力也大，因而均在低流速下输送。因此，输送高浓度或膏体充填料时，流速的增大将导致阻力损失快速增大，但是在相同条件下的试验结果并不相同，尤其是在低速条件下两者差别相当大，只有在较高速度时两组结果才比较吻合。

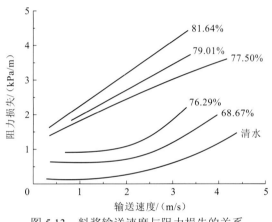

图 5.13 料浆输送速度与阻力损失的关系

4. 粒级与浓度对流体阻力的影响

物料的粒级组成是构成结构流体的决定因素，其中足够的细物料能使料浆形成悬浮状，是组成结构流体不可缺少的部分。结构流体料浆的细物料含量较高，因而料浆的黏度大，阻力损失大。在结构流中增加水泥等超细物料的含量，有利于在压力作用下于管壁形成润滑层，可减少沿管道的摩擦阻力。一般地，要求膏体泵送料中-25 μm 的超细物料含量要大于 25%，以保证在管壁处形成足够厚的滑移层。

浓度对输送阻力的影响更加明显，一般来说，流体的阻力损失随着浓度的增大而增大。浓度的增大意味着固体物料的增加，为了使所有固体物料悬浮，克服固体物料的重力所需消耗的能量相应增加，因而阻力损失也就增大。另外，料浆浓度增大后，其黏度也增大，摩擦阻力也就相应增加。

5.4.2 管道输送参数计算

1. 流体阻力计算

1）结构流阻力公式

膏体充填料的塑性黏度与屈服切应力皆很大，一般条件下不采用自流输送工艺，往往采用复活式塞泵压送。在充填倍线较小的情况下，若充填系统垂直管段的料浆重力可以克服管道阻力，也可以采用自流输送工艺。当充填系统在地表存在水平管段时，这一水平管段需克服屈服切应力向垂直管道给料，在充填结束时清洗地表水平管路需要外加压力，这时则可以采用泵压-自流联合工艺来输送充填料。当用柱塞泵输送膏体料浆时，膏体浆料在管道内的运动可看作结构流运动，由运动方程推导出结构流状态下流体阻力损失的计算公式，为

$$i = \frac{16}{3\rho D}\tau_0 + \frac{32 v_t}{\rho_r D^2}\eta \tag{5.49}$$

式中：i 为料浆阻力损失，Pa/m；τ_0 为料浆屈服应力，Pa；ρ_r 为料浆的相对密度；v_t 为料浆流速，m/s；η 为料浆黏度，Pa·s。

式（5.49）右边第一项相当于初始应力的大小，第二项为输送料浆时消耗的能量，因为是在结构流状态下输送物料，所以其处在流速一次指数范围内，用式（5.49）计算管道输送充填物料的流体阻力时，一般需乘上适当的安全系数。

2）压差阻力公式

在工程应用中，水泥与水混合会发生水化水解反应，使料浆输送性能变坏，即新配置的充填料与输送过程中充填料的 τ_0 及 μ 的大小有差异。同时，采用的黏度计类型不同，τ_0 及 μ 的数值也有差别，使式（5.49）的应用受到限制。因此，通常利用管道疏松料浆的试验结果计算料浆阻力。假定充填料连续、稳定地流经管道界面 A_1 及 A_2，将流体的外力投影到流体轴线上，得到输送管道的流体阻力的计算公式，为

$$F_p = \frac{D}{4}\cdot\frac{p_1 - p_2}{L} \tag{5.50}$$

式中：F_p 为流经管段的流体阻力，MPa；p_1、p_2 分别为管段起点及终点的压力，MPa，用压力计在输送试验管道上测定；L 为管段长度，m。

在式（5.50）与式（5.48）中，$\dfrac{p_1 - p_2}{L}$ 与 $\dfrac{\mathrm{d}p}{\mathrm{d}x}$ 的意义相当，但前者易于测出，应用比较方便。

3）金川公式

长沙矿山研究院与中国有色工程设计研究总院在金川集团股份有限公司大量试验基础上，提出了适用于高浓度料浆输送的阻力计算公式，见式（5.51）。金川公式应用范围广、误差小，其平均误差最小为 16.2%，已被《采矿工程设计手册》推荐用于料浆管道

输送阻力计算，具体请参考李国政和于润沧（2006）。《充填采矿技术与应用》中提到，金川公式也适用于结构流的水力坡度计算（刘同有 等，2001）。

$$i_j = i_0 \left\{ 1 + 106.9 m_t^{4.42} \left[\frac{gD(\rho_g - 1)}{v_{cp}^2 \sqrt{C_y}} \right]^{1.78} \right\} \tag{5.51}$$

式中：i_j 为料浆的水力坡度，kPa/m；i_0 为清水的水力坡度，kPa/m；m_t 为料浆的体积分数，%；v_{cp} 为料浆的平均流速，m/s；D 为输送管径，mm；g 为重力加速度，980 cm/s^2；ρ_g 为固体物料密度，g/cm^3；C_y 为反映颗粒自由特性的阻力系数，

$$C_y = \frac{4}{3} \times \frac{(\rho_\tau - 1)gd_a}{\omega^2} \tag{5.52}$$

其中：d_a 为固体颗粒的平均颗粒直径，mm；ω 为固体颗粒的自由沉降速度，cm/s。

2. 输送浓度

料浆输送浓度是胶结充填工艺设计过程中需要确定的重要参数。一般希望胶结充填料以最高的浓度满足高强度的要求，实现最少水泥消耗量的目标，但充填料浆浓度越高，其流动性越差，特别是当采用自流输送方式时，充填料浆浓度受到限制。因此，充填料浆的浓度主要取决于输送工艺，一般根据采矿工艺对胶结充填体强度的要求，通过强度试验确定充填料浆的下限浓度，通过对料浆特性的试验研究确定最高输送浓度。

膏体充填料的质量分数一般为 75%～82%，添加粗集料后的膏体充填料的质量分数可达 81%～88%。膏体充填料需要相当多数量的细粒级物料，才能使其在高稠度下获得良好的稳定性和可输性，达到不沉淀、不离析、不脱水的效果，并形成管壁润滑层。

3. 输送管径

高浓度胶结充填料输送管径，主要根据所要求的输送能力和所选定的料浆输送流速来确定，一般可按式（5.53）计算输送管径：

$$D = \sqrt{\frac{4Q}{3\,600\pi v_t}} \tag{5.53}$$

式中：D 为输送管径，m；Q 为输送能力，m^3/h；v_t 为料浆流速，m/s。

4. 料浆流速

对于（似）膏体胶结料，由于颗粒细且浓度高，呈伪均质流，料浆稳定性好，即使在 0.1 m/s 的低流速条件下也不沉淀，可以选择在低流速下输送，以降低输送阻力，节省能耗。泵送充填料浆一般选择料浆流速在 0.5～1.0 m/s，对于自流输送的充填料浆，流速取决于管径及充填系统的实际输送倍线，进行充填系统设计时，可通过 L 形管道自流试验，按式（5.54）确定流速：

$$v_t = \frac{4Q}{3\,600\pi D^2} \tag{5.54}$$

5. 输送倍线

利用自然压头自流输送膏体充填料时,由于不能通过外压调整输送距离,料浆的输送特性必须能保证充填料借助自重流入采场,这样才能满足工业应用的要求。因此,引入输送倍线参数来描述料浆的这种特性。输送倍线就是输送料浆的管道系统的管道总长度与管道系统入口至出口之间的垂直高差比,即

$$N = \frac{L_c}{H_s} \tag{5.55}$$

式中:N 为系统输送倍线;L_c 为系统水平管道、垂直管道与弯管道的总长度,m;H_s 为充填系统管道入口与出口间的垂直高差,m。

自流输送的条件是料浆所产生的自然压头能够克服管道系统中料浆的阻力,即所需的料浆自重压头必须大于料浆的阻力,才能实现有效输送。在工程设计和工业应用中,若输送管路弯管少,可不考虑局部损失和负压影响,则系统自流输送的条件可简化为

$$H \cdot \rho > i \cdot L_c \tag{5.56}$$

式中:ρ 为料浆密度,t/m³;i 为料浆的阻力损失,1×10^4 Pa/m。

式(5.56)中的 $\frac{\rho}{i}$ 由料浆特性参数和输送管道的管径大小决定。对于输送特性参数一定的料浆,$\frac{\rho}{i}$ 也是充填系统在相应管径条件下实现自流输送的极限输送倍线,只有当系统的输送倍线小于该值时才能顺利地实现自流输送。以上计算进行了简化处理,即无弯管部分损失,垂直管道中为满管料浆,但当管道系统较复杂,存在较多的弯管时,其局部损失不可忽略,应在管道阻力损失中考虑弯管的局部损失。因此,系统实际的可输送倍线比 $\frac{\rho}{i}$ 要小,设计时必须考虑这一因素。输送倍线既表征了料浆在管道系统内借助自重能自流输送的水平距离,又表征了管道系统的工程特征,包括管线变向(弯管)、垂直关系与水平管线长度等特征。因此,输送倍线实质上是受料浆特性与管道系统影响的一个综合参数,表征了充填料浆与充填系统的综合特征。由于每个充填系统的管路布置都不相同,这个参数对充填料浆输送系统的工程设计与生产管理至关重要。

5.5 高浓度充填料浆环管试验

5.5.1 环管试验测算膏体流变参数的理论基础

1. 流变参数计算

目前对于高浓度(膏体)充填料浆输送阻力、流变参数的研究虽有大量成果值得借鉴,但由于具体矿山的材料存在差异,其流变特性也差别较大,既有的充填料输送参数

及输送阻力计算公式虽然有参照的价值，但直接引用往往会造成较大的误差。国内外矿山膏体充填技术研究和生产实践经验表明，对于特定矿山的充填（尤其是膏体充填）而言，通常必须通过半工业或工业试验来研究膏体充填的流变学性能。因此，通过环管输送试验，开展高浓度（膏体）充填料管道输送特性研究，以期为充填系统的设计提供依据。

目前，对于高浓度（膏体）充填料的流变模型研究已形成共识，即高浓度充填料的流变模型为 Hershel-Bulkley 模型，其流变方程见式（5.3）。对高浓度料浆流变特性的研究，主要是要掌握屈服应力 τ_0、黏度 η 和流变特性指数 n_3 这三个参数。屈服应力 τ_0 和黏度 η 的获得有多种方法（赵国华，2007），如桨叶测量法、平行板黏度测量法、旋转圆筒式黏度测量法、环管试验测算法等。在上述许多方法中，从泵压输送工艺适用的角度来看，利用环管试验测算流变参数的方法是最符合工程实际的（刘同友 等，2001）。环管试验分为开路管试验和闭路管试验两类，一般来说，闭路管试验适用于泵压输送，开路管试验适用于重力输送。大多数研究膏体料输送技术的国家和机构都建有环管输送试验平台。

根据环管试验所测得的压降 Δp、流量 θ 和已知量直径 D_x、半径 r、长度 L，依照以下步骤进行数据处理。

（1）依照克里格-马伦（Kriege-Maron）公式计算不同流速 v_{cp} 下管壁的切应力 τ_w 和有效流动度 Φ_0。

$$\tau_w = \frac{D_x}{4} \times \frac{\Delta p}{L} \tag{5.57}$$

$$\Phi_0 = \left(\frac{8v_{cp}}{D_x}\right) \cdot \left(\frac{1}{\tau_w}\right) \tag{5.58}$$

（2）对不同平均流速下的 $v_{cp} = f(\ln \tau_w)$ 曲线，用最小二乘法进行拟合，并得出拟合曲线方程，求出给定点的斜率。

（3）计算不同流速对应的管道切变率。

$$\left(\frac{dv}{dr}\right)_w = \tau_w \left[\Phi_0 + \frac{1}{4} \cdot \frac{d\Phi_0}{d(\ln \tau_w)}\right] \tag{5.59}$$

（4）根据高浓度全尾砂料浆流体模型为伪塑性体，将流变方程 $\tau_w = f\left[\left(\frac{dv}{dr}\right)_w\right]$ 设为 $\tau_w = \tau_0 + \eta \left(\frac{dv}{dr}\right)^{n_3}$，并用最小二乘法得出拟合曲线方程。求出屈服应力 τ_0、黏度 η 和流变特性指数 n_3。

（5）对拟合方程进行分析检验。

2. 经验公式推导

经验公式是在物料级配确定的条件下推导出来的，推导的方法是检测出同种物料浆体在不同浓度条件下的流变参数，回归出浓度与流变参数的数学关系式，再根据相关的理论计算公式代换得出。

在管道输送高浓度充填料过程中，固体颗粒不发生沉降，整体上是一种柱塞状的结构流，柱塞流横断面上的速度为常数，只有在近管壁处润滑层的速度有一定的变化。这种流态称为层流。高浓度充填料可近似地看作宾厄姆塑性体，可用白金汉（Buckingham）方程式（5.60）描述。

$$\tau_w = \frac{4}{3}\tau_0 + \eta\left(\frac{8v_{cp}}{D_x}\right) \tag{5.60}$$

从式（5.60）可以看出：在管径 D 确定的条件下，τ_w 是流速的一次函数，其图像为一条直线，该直线的斜率与管径之积除以 8 就是黏度系数 η 的值，直线在 τ_w 轴上的截距的 3/4 则为屈服剪切应力 τ_0 的值。

管道中切应力与阻力损失的关系见式（5.57）。

在层流状态下，水平直管的阻力损失 j_m 用式（5.61）表述，通过联立式（5.57）、式（5.60）、式（5.61）得出水平直管的阻力损失 j_m 与流变参数的关系即式（5.62）。将试验屈服应力 τ_0、黏度 η 代入式（5.62），得到计算充填管阻力损失的经验公式。

$$j_m = \frac{\Delta p}{L} \tag{5.61}$$

$$j_m = \frac{16}{3D}\tau_0 + \eta\frac{32v_{cp}}{D} \tag{5.62}$$

式中：v_{cp} 为料浆在管内的平均流速；D 为直管内径。

应用该经验公式，可选择最佳管径。根据式（5.62）计算料浆在不同管径及流量条件下的管流阻力，如图 5.14 所示（刘晓辉 等，2016）。由图 5.14 可知，管流阻力随管径的增加逐渐减小，且减小速率也逐渐变缓，当 D 大到一定程度后，继续增大管径并不能有效地降低管流阻力，曲线开始进入平缓段的一个管径区间是充填管径的最佳范围，在此范围内选择管径可以达到既节省管材，又减少动力消耗的目的。

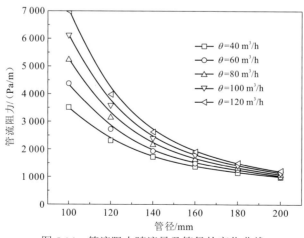

图 5.14　管流阻力随流量及管径的变化曲线

5.5.2　全尾砂高浓度料浆的流变特性

1. 环管试验方案

通过对不同浓度料浆的流动性、沉缩性和泌水性进行研究，确定符合高浓度料浆标准的全尾砂胶结充填料浆的灰砂比为 0.20，料浆质量分数为 73%～75%。根据环管试验系统可调节的流量范围，选择流量为 45～78 m³/h，输送管径为 125 mm，对三种质量分数的全尾砂料浆进行了五种流速的输送试验。具体试验方案见表 5.4（郑伯坤 等，2012）。

表 5.4　高浓度料浆环管试验方案

灰砂比	料浆质量分数/%	流速 I/（m/s）	流速 II/（m/s）	流速 III/（m/s）	流速 IV/（m/s）	流速 V/（m/s）
0.20	73	1.77	1.54	1.37	1.19	1.02
0.20	74	1.77	1.54	1.37	1.19	1.02
0.20	75	1.77	1.54	1.37	1.19	1.02

2. 环管试验步骤

（1）首先做清水试验，其目的是检测系统的密封性、监测仪器的精度可靠性、泵对流量的调节能力等。

（2）上料前先用海绵球和水（或压气）清洗管路，并检查搅拌槽、混凝土泵的喂料斗中有无杂料。

（3）试验开始前，先上 400～500 kg 的全尾砂、水泥，以便制成细粒料浆，润湿管道。

（4）按设计称取制浆备料和水，用行车提升倒入搅拌槽，浸泡 10 min 后，开始启动搅拌机，搅动 20～30 min。

（5）对活塞泵进行参数调节。

（6）打开出料阀，料浆进入泵料斗内至 2/3 处时启动混凝土泵，料浆需在系统中连续运转 10～20 min，待浓度基本稳定之后，即可开始各种数据的测试工作。

（7）依次调节浓度由浓到稀，在前次试验过的料浆中，掺加一定量的水，以降低浓度。每改变一次浓度，必须经过 10～20 min 的连续循环搅拌，待其所有循环的料浆基本均匀后，才能进行数据的读取。

（8）试验结束后进行排废，同时对试验系统的设备进行清洗，重点是传感器端部、泵的活塞缸、喂料斗及管路，确保其内不残留粗粒料和胶结料浆。

3. 试验结果及数据处理

根据上述试验方案和试验步骤进行环管试验,测得管道输送阻力损失参数,见表 5.5。

表 5.5　全尾砂环管试验结果

料浆质量分数/%	固体物料体积分数/%	容重/（N/m³）	坍落度/cm	流量/（m³/h）	流速/（m/s）	压力损失/（kPa/m）
				78	1.77	2.306
				68	1.54	2.025
73	49.2	1.813	20.8	60	1.37	1.882
				53	1.19	1.632
				45	1.02	1.579
				78	1.77	3.419
				68	1.54	2.956
74	50.5	1.833	19.2	60	1.37	2.698
				53	1.19	2.543
				45	1.02	2.289
				78	1.77	3.918
				68	1.54	3.265
75	51.8	1.854	17.5	60	1.37	2.753
				53	1.19	2.561
				45	1.02	2.382

应用 MATLAB 软件进行数据处理，数据处理结果见表 5.6。

表 5.6　高浓度料浆流变参数

骨料	料浆质量分数/%	τ_0/Pa	η/（Pa·s）	n
	73	30.796	0.487	0.889
全尾砂	74	72.021	0.701	0.892
	75	81.940	0.820	0.904

4. 经验公式推导

基于环管试验结果，分别对料浆质量分数和屈服应力曲线、料浆质量分数和黏性系数曲线进行最小二乘法拟合，拟合过程通过 MATLAB 软件实现，所得拟合方程和相关系数见表 5.7。结合流变方程，推导出用于特定配比料浆的阻力损失经验公式。

表 5.7　料浆质量分数-流变参数曲线拟合方程

灰砂比	曲线	拟合方程	相关系数
1∶5	料浆质量分数-屈服应力	$y=-1\,664.328x+2\,557.23$	0.990 6
1∶5	料浆质量分数-黏性系数	$y=-11.62x+16.61$	0.997 5

5.5.3 粗磷尾矿基高浓度料浆的流变特性

现有的高浓度料浆管道输送流变特性研究，大多针对的是高浓度分级尾砂料浆、高浓度全尾砂料浆（熊有为 等，2019）和高浓度棒磨砂料浆（杨志强 等，2017），即充填骨料为细骨料，而粗磷尾矿制备的高浓度料浆，其充填骨料为粗骨料，骨料级配对料浆的流变特性有较大影响，开展粗磷尾矿高浓度料浆流变特性的研究，可丰富高浓度料浆流变特性研究的内容，拓展应用范围。

1. 环管试验方案

1）试验目的

本试验拟达到以下目的：

（1）测试充填料浆在管径为 100 mm，流速为 1.57 m/s 的情况下直管和弯管的压力损失；

（2）在不同停泵时间后，记录泵送压力损失及最长停泵时间；

（3）观察坍落度在泵送及不同停泵时间下的变化。

2）仪器设备

（1）HBT60.10.75S 型活塞式充填工业泵，1 台；

（2）100 mm 内径输送管，长度约为 250 m，弯头若干，配套管卡及胶圈若干；

（3）ZPM317 型平膜压力变送器，6 个；

（4）2.5 m³ 的搅拌机 1 台；

（5）1 t 台秤，1 台；

（6）Multi-System 5060 液压万用表测量装置 1 套；

（7）坍落度筒、捣棒、卷尺、容量筒（1 L、2 L）、吸管及量筒。

环管试验场地见图 5.15、图 5.16。

（a） （b）

图 5.15 环管试验场地

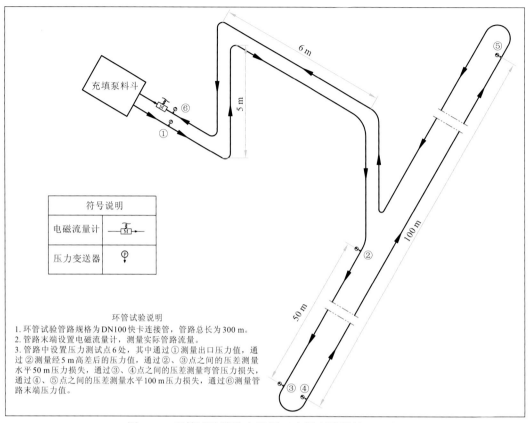

符号说明

| 电磁流量计 | ⟷⊃⊂ |
| 压力变送器 | Ⓟ |

环管试验说明

1. 环管试验管路规格为DN100快卡连接管，管路总长为300 m。
2. 管路末端设置电磁流量计，测量实际管路流量。
3. 管路中设置压力测试点6处，其中通过①测量出口压力值，通过②测量经5 m高差后的压力值，通过②、③点之间的压差测量水平50 m压力损失，通过③、④点之间的压差测量弯管压力损失，通过④、⑤点之间的压差测量水平100 m压力损失，通过⑥测量管路末端压力值。

图 5.16　环管试验管路布置图（实际直管段长 69 m）

3）试验步骤

（1）在泵送管道的相应位置安装 6 个压力传感器，分别测量弯管段、水平段及整个环管的压力损失。

（2）按表 5.8 所示的配比方案进行配料，其中用水量根据坍落度进行控制，总量约为 3 m³。

表 5.8　环管试验配比

配比序号	水泥/（kg/m³）	粉煤灰/（kg/m³）	骨料/（kg/m³）	尾泥/（kg/m³）	泵送剂/（kg/m³）	坍落度/cm
HG1	150	200	1 500	100	1	26
HG2	150	200	1 500	100	3	22

注：HG1 使用的泵送剂为 NF-2 型固体缓凝高效泵送减水剂；HG2 使用的泵送剂为 MH-SB-03A 型液体减水剂。

（3）管道先打水，后加入 2 包润管剂润管，然后泵送拌合物。

（4）人工计量上料，按要求的质量分数搅拌约 3 m³ 的料，为了制备均匀稳定的料浆，保证搅拌机的正常运转，边搅拌边上料，搅拌时间为 5～10 min。搅拌均匀后，开始泵送，逐步加水调整至浆料坍落度为 26 cm；循环泵送流速控制在 1.57 m/s 左右，稳定 1 h 后，测量各段的压力损失、流速，每次测量时间为 5 min，试验完成后，继续加水调整坍落度为 26 cm，重复上述操作。

（5）每次停泵后重新启动时，测定启泵的压力。

（6）试验结束后，清洗管道及试验设备。

2. 试验结果与分析

1）HG1 组试验结果与分析

根据上述试验方案得到 HG1 组试验结果，详见表 5.9、表 5.10、图 5.17～图 5.19。

表 5.9　HG1 组试验泵送参数

时间	坍落度/cm	扩展度/cm	泌水率/%	容重/（N/m³）
11 时 13 分	27	68	0.23	2.311
14 时 30 分	25.7	64	0.14	2.319

注：12 时 10 分调整流速为 1.578 m/s。

表 5.10　HG1 组环管试验结果（停泵 2 h）

时间	弯管压力损失	直管压力损失	进出口压力损失	流量	流速	泵送压力
	dp3/bar	dp1/bar	dp2/bar	/（m³/h）	/（m/s）	/MPa
12 时 30 分	0.024	2.111	17.465	44.6	1.578	10
14 时 30 分	0.025	2.194	19.118	44.1	1.561	10～10.5

注：1 bar＝10⁵ Pa。

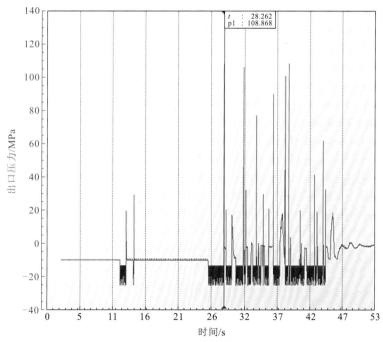

图 5.17　HG1 组试验停泵 2 h 再启动时出口压力峰值

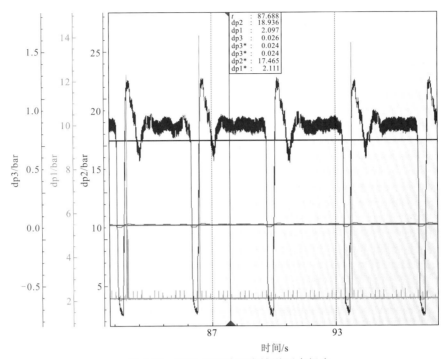

图 5.18　HG1 组试验正常输送压力损失

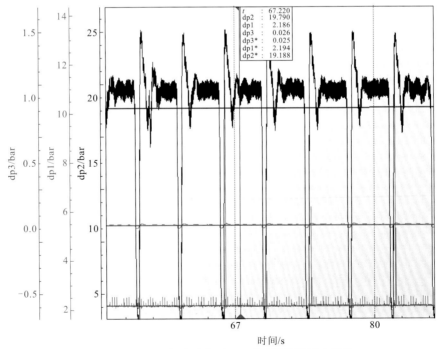

图 5.19　HG1 组试验停泵 2 h 后正常输送压力损失

由表 5.9、表 5.10、图 5.17～图 5.19 可知：

（1）停泵 2 h 后，坍落度由 27 cm 降低到 25.7 cm，坍落度损失为 1.3 cm；

（2）在排量为 75%，泵送频率为 19 次/min 的条件下，停泵再启动时压力峰值为 10.89 MPa，峰值太高，因此停泵再启动宜采用低排量、低流速的启动方式；

（3）在流速为 1.578m/s 的条件下，直管压力损失为 3 059.42 Pa/m，停泵 2 h 后，在流速为 1.561 m/s 时，直管压力损失为 3 179.71 Pa/m。

2）HG2 组试验结果与分析

根据上述试验方案得到 HG2 组试验结果，详见表 5.11、表 5.12、图 5.20~图 5.23。

由于初始坍落度为 21 cm，和易性较差，之后加水调整，停泵 3.5h 后的坍落度情况如图 5.20 所示。

由表 5.11、表 5.12、图 5.20~图 5.23 可知：流速为 1.571 m/s 时，直管压力损失为 3 639.1 Pa/m；停泵 3.5 h 后，流速为 1.578 m/s，直管压力损失为 4 642.02 Pa/m，压力损失较明显。

表 5.11　HG2 组试验泵送参数（停泵 3.5 h）

时间	坍落度/cm	扩展度/cm	泌水率/%	容重/（N/m³）
12 时 5 分	21（加水稀释）	37.2	0.23	2.323
15 时 35 分	24.5	42.5	0.38	2.193

表 5.12　HG2 组环管试验结果（停泵 3.5 h）

时间	弯管压力损失 dp3/bar	直管压力损失 dp1/bar	进出口压力损失 dp2/bar	流量 /（m³/h）	流速 /（m/s）	泵送压力 /MPa
12 时 5 分	0.024	2.511	33.263	44.4	1.571	14～16
15 时 39 分	0.029	3.203	40.117	44.6	1.578	16～18

 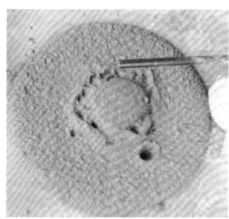

（a）21 cm　　　　　　　　　（b）停泵 3.5 h 后 24.2 cm

图 5.20　HG2 组试验坍落度

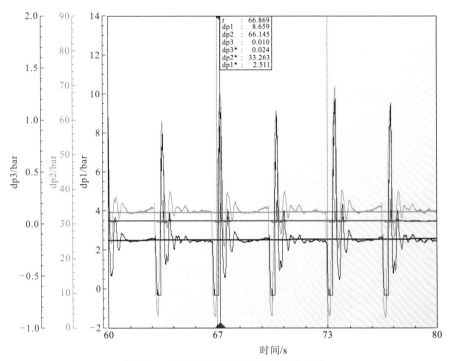

图 5.21　HG2 组试验正常输送压力损失

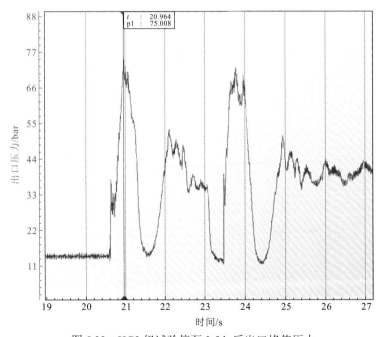

图 5.22　HG2 组试验停泵 3.5 h 后出口峰值压力

排量为 39%，泵送频率为 10 次/min，正常输送压力在 4.2 MPa 左右

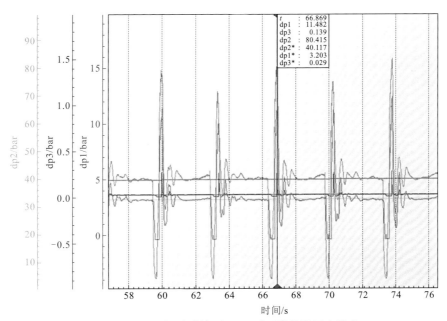

图 5.23　HG2 组试验停泵 3.5 h 后正常输送压力损失

5.5.4　磷石膏基高浓度料浆的流变特性

1. 环管试验装置

环管试验测试平台由进料装置、搅拌装置、泵送装置及由水平管道和垂直管道组成的环状闭合输送管路等组成。管道主要是采用外径为 219 mm、壁厚为 6 mm、内径为 207 mm 的无缝钢管焊接而成。输送管道上安装有压力传感器、温度传感器和流量计，并由计算机数据采集系统自动采集数据。环管试验装置示意图见图 5.24（Li et al.，2017）。

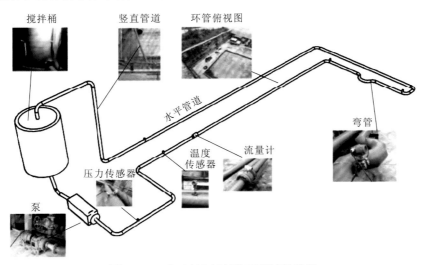

图 5.24　磷石膏充填料浆环管试验装置

2. 试验结果与分析

磷石膏充填料浆质量分数分别为 50%、52%、54%、56%、58%和 60%，对每一组质量分数，测定不同流速下的沿程阻力，试验结果见图 5.25（刘冰和李夕兵，2018）。

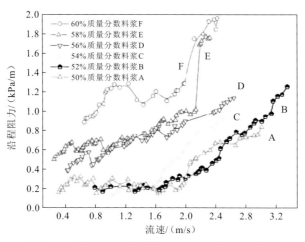

图 5.25　磷石膏充填料浆不同流速下的沿程阻力

根据图 5.25 中的 A、B 和 C 曲线，50%、52%和 54%质量分数充填料浆在充填流速低于 1.7 m/s（对应流量为 190 m³/h）时，沿程阻力随着流速的增加保持平稳，说明在此区间（50%～54%）料浆质量分数的提高对沿程阻力的变化影响不大。当充填料浆的流速大于 1.7 m/s 时，沿程阻力出现较大幅度的增长，此时流速越大，沿程阻力增长越快，造成充填能耗增高且易发生堵管现象。因此，为了降低磷石膏充填料浆管输过程中的沿程阻力，流速应低于 1.7 m/s。

由图 5.25 中 D、E 和 F 曲线可以看出，在相同流速情况下，56%、58%和 60%质量分数充填料浆直管的沿程阻力明显高于其他质量分数的充填料浆，而且其沿程阻力起始就随着流速的增大而缓慢增长，特别是充填料浆质量分数为 58%的 E 曲线和质量分数为 60%的 F 曲线在流速为 2 m/s 时出现陡增。如果磷石膏充填料浆质量分数高于 58%，充填料浆的管道输送流速应低于 2 m/s。进一步分析可知，50%～54%质量分数下充填料浆的平均沿程阻力相差不大，56%～58%质量分数下充填料浆管道输送的沿程阻力为 50%～54%质量分数时的 3 倍，60%质量分数下充填料浆的沿程阻力是 50%～54%质量分数充填料浆沿程阻力的近 6 倍。环管试验结果表明，料浆质量分数和流速对沿程阻力的影响均较大。

5.6　本 章 小 结

高浓度充填系统一般包括充填材料储存与给料系统、充填料浆搅拌系统、充填料浆加压输送系统、充填料浆输送系统和充填制备站及管路输送的 PLC 控制系统。

　　充填料浆在充填管路中的流动过程呈两相流或结构流。两相流又称非均质流或固液悬浮体，浆体在管道中的流动必须克服摩擦阻力损失及水力坡度。影响水力坡度的因素有很多，主要有固体颗粒的粒径、粒径组成不均匀系数、物料密度、浆体流速、浆体质量分数、黏度、温度、管道直径、管壁粗糙度及管路的敷设状况等。

　　当充填料浆浓度大于沉降临界浓度时，料浆的输送特性为似均质结构流，一般流变模型属 Hershel-Bukley 体。分析了影响流体阻力的因素，给出了流体阻力计算公式，确定了料浆输送参数。

　　环管试验作为一种半工业试验仍然是最可靠的研究方法。在工业性环管试验基础上，分别研究了细骨料制备的高浓度充填料浆和粗骨料制备的高浓度充填料浆的流动特性，依据得到的流变参数，结合流变方程，推导出了用于特定配比料浆的阻力损失经验公式。开展了粗磷尾矿基高浓度料浆、磷石膏基高浓度料浆流变特性的研究，丰富了高浓度料浆流变特性研究的内容。

第 6 章

缓倾斜中厚磷矿层粗尾矿胶结充填开采实践

6.1　磷矿山概况

湖北三宁矿业有限公司挑水河磷矿位于宜昌市夷陵区樟村坪镇，矿区由东部矿段和西部矿段两部分组成，矿区总面积为 23.42 km²，磷矿储量达 2 亿 t。东部矿段已取得采矿权，西部矿段正在勘探。矿区属构造侵蚀中山区。

东部矿段设计生产能力为 100 万 t/a，配套重介质选矿厂 70 万 t/a，开采方式为地下开采，平硐斜井开拓，主要运输方式为胶带运输，主要采矿方法为全层开采嗣后胶结充填，于 2017 年建成投产。

挑水河磷矿为大型化学和生物化学沉积矿床，矿层赋存于上震旦统陡山沱组中，具有工业价值的缓倾斜磷矿层两层，Ph_2 为主要工业磷矿层，矿层倾角为 4°～7°，厚为 1.60～14.72 m，平均厚度为 4.16 m；Ph_1^3 为次要工业磷矿层，矿层倾角为 4°～6°，厚为 0.15～9.67 m，平均厚度为 2.15 m，两矿层间距为 3.35～21.37 m，平均为 9.86 m。可采矿层总平均厚度为 6.31 m。已控制工业矿层（体）北西走向长度为 3 000～5 070 m，北东倾向宽度为 2 470～3 400 m。矿体赋存标高为 660～1 130 m，埋深 81.67～630.19 m。矿层顶底板为中厚层状白云岩。矿山为富水矿山，日排水量达 15 000 m³ 左右。

挑水河磷矿具有资源赋存埋深大、富矿少和开采技术条件十分复杂等特征，存在低品位矿石难利用和矿山开采过程中极易诱发山体坍塌等地质灾害的两大技术难题。

6.2　粗磷尾矿胶结充填系统

6.2.1　胶结充填系统构成

1. 充填工艺

挑水河磷矿充填系统的生产能力为 30 万 m³/a，泵送流量最大为 120 m³/h，包含破碎系统、非胶结料制备系统、胶凝料制备系统、地面泵送系统、井下搅拌系统、井下泵送系统等子系统。破碎系统将选厂尾矿从 35 mm 破碎至 5 mm 以下，在非胶结料制备系统中添加尾泥、粉煤灰、充填改性剂等制备成为非胶结料浆，通过地面泵送系统输送至井下搅拌系统。选取水泥为胶凝材料，经螺旋给料、电子秤称量，在水泥搅拌槽里制备为胶结料浆，通过自流输送至井下搅拌系统。井下搅拌系统将非胶结料浆与胶结料浆混合搅拌成充填料浆，通过井下泵送系统输送至采场充填工作面。其中，非胶结料制备系统采用间断模块化制备，精确控制磷矿尾矿、尾泥、粉煤灰、充填改性剂配比和非胶结料浆浓度。充填系统管路最长达到 8 km，其中第一段泵送距离为 5 km，第二段泵送距离最远为 3 km。工艺流程见图 6.1。

挑水河磷矿充填系统工艺难度大，不仅要实现粗骨料高强度充填，还存在充填管路长，缓倾斜向下泵送易离析等难点。

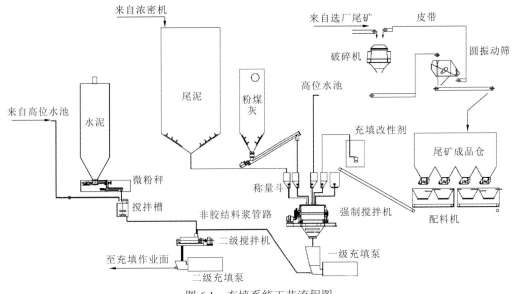

图 6.1　充填系统工艺流程图

2. 充填材料

充填材料在胶结充填采矿中起到重要作用。目前,在磷矿胶结充填中应用的材料主要为水泥、粉煤灰、磷渣、磷石膏、尾砂、高炉渣等,以重介质选矿产生的磷尾矿和尾泥为充填材料进行的管道输送胶结充填尚不多见。将重选磷尾矿和尾泥作为充填材料不仅可以提高工业固体废弃物的资源利用率,而且能减少环境污染和土地占用,对粗磷尾矿胶结充填理论的研究和实际应用具有重要意义。

为解决挑水河磷矿重介质选厂产生的尾矿和尾泥直接堆存存在的环境污染和土地占用等问题,在对该尾矿和尾泥进行性能测定的基础上,开展了一系列的充填材料配比优化试验,研究结果表明:①磷尾矿颗粒表面粗糙,有害元素含量低,可以作为胶结材料;以磷尾矿为骨料制备的充填体的不同养护龄期的抗压强度均随灰砂比和料浆质量分数的增加而增强,但料浆质量分数对充填体抗压强度的影响较大;充填料浆坍落度、坍落扩散度和稠度均随灰砂比和料浆质量分数的增大而增大。②粉煤灰的添加有利于充填体强度的增高,尤其是后期强度的增长;充填料浆坍落度随灰砂比、料浆质量分数和粉煤灰掺量的增大均先增后减,且影响程度由强到弱依次为灰砂比>料浆质量分数>粉煤灰掺量。由于粉煤灰颗粒粒度细,且部分颗粒呈球形,其在料浆中可以发挥滚珠轴承效应,减小了磷尾矿颗粒之间的摩擦力,进而提高了料浆的和易性;粉煤灰内部空隙多,随着粉煤灰掺量的增加,需水量也增大,导致充填料浆的黏稠性增大,阻碍了料浆中骨料的移动,进而使得坍落度和稠度随粉煤灰掺量的增加呈现先增后降的规律。③尾泥质量分数对充填料浆的流动性、稳定性、力学性能有显著影响,流动性随尾泥质量分数的增大先提高后降低;稳定性随尾泥质量分数的增大而增大;强度随尾泥质量分数的增大先增大后缓慢下降。④充填料中添加聚羧酸系减水剂或萘系减水剂,料浆流动性能的各个方面都能达到较理想的效果；两者相比，聚羧酸系减水剂的效果更好。⑤试验确定的胶结材料的最佳配比为灰砂比为 0.25，料浆质量分数为 80%，粉煤灰与水泥之比为 1.00，尾泥的最优掺量为 25%~35%。

1）充填骨料

充填骨料取自挑水河磷矿重介质选矿厂产生的尾矿和尾泥（图 6.2）。重介质选矿厂初期建设规模为 70 万 t/a，排放尾矿和尾泥约 27.2 万 t/a，其中尾矿 25.99 万 t/a，尾泥 1.73 万 t/a。

（a）尾矿　　　　　　　　　　　　　　　　（b）尾泥

图 6.2　尾矿和尾泥

目前选厂尾矿粒径在 30 mm 以下，其中 10~20 mm 粒径占 95%，该粒度不能满足管道输送的骨料要求，需破碎后加以利用，将该骨料破碎至-5 mm 以下颗粒。综合考虑破碎设备的破碎成本和破碎效果，破碎工艺采用冲击式破碎机一段闭路破碎。

本系统输送工艺为长距离泵送，对料浆泵送性能要求较高，且要求非胶结料浆可长时间停泵，因此采用结构流输送。结构流对固体物料粒度分布有一定的要求，理论要求固体物料-25 μm 含量不低于 15%。

选厂尾泥粒径分布范围为 0.594~3 080 μm，D_{50} 为 10.2 μm，-20 μm 累积含量约为 73%，比表面积为 1 145 m²/kg，粒径分布宽度为 15.906，由于其粒径极小，能提高骨料的细颗粒含量，可以作为骨料的一部分。尾泥脱水困难，以料浆的形式添加进搅拌机，细泥浆浓度约为 30%。

2）胶凝剂

本矿区周边大型水泥厂有葛洲坝三峡水泥厂、宏昌水泥厂、虹桥水泥厂和兴山县水泥厂，其中葛洲坝三峡水泥厂距离较近，约为 125 km。水泥厂可供选择的胶凝材料为 P.O.42.5 和 P.O.32.5。根据配合比试验结果，在相同掺量的情况下，P.O.42.5 比 P.O.32.5 试块强度高出 20%~40%，P.O.42.5 性价比较高，因此采用葛洲坝三峡水泥厂生产的 P.O.42.5 作为胶凝材料。

为降低充填成本，改善充填料浆的输送性能，选择湖北三宁化工股份有限公司化工厂的不分级粉煤灰作为掺合料，其最大粒径不超过 5 mm（图 6.3）。化工厂至矿区的距离约为 190 km，可提供的粉煤灰量约为 6 万 t/a。

（a）粉煤灰 I　　　　　　　　　　　　　（b）粉煤灰 II

图 6.3　粉煤灰

3）水

充填用水来自 1245 主工业场地清水 1# 高位水池。

4）充填料浆配比

根据长距离管道输送的物料要求，设计料浆质量分数比实验室料浆质量分数略低。充填料浆配比及输送质量分数见表 6.1、表 6.2。

表 6.1　胶结充填料浆配比

材料名称	水泥	粉煤灰	尾泥	尾矿	泵送剂	水	备注
单位材料用量 /（kg/m³）	138	184	93	1 400	3	500	设计配比

表 6.2　充填料浆输送质量分数

料浆	料浆输送质量分数/%
水泥浆	50～60
非胶结料浆	80.5～82.3
二级泵站混合后料浆	78

3. 充填站布置

1）充填系统工作制度

工作制度：300 d/a，2 班/d，8 h/班。

2）充填能力的确定

经计算，全矿每年需充填的净空间为 20.23 万 m³，每天需充填的空间体积为 674.21 m³。

3）充填系统布置

充填系统包括尾矿破碎站、非胶结料浆制备站、水泥浆制备站、二级充填泵站。尾矿破碎站和非胶结料浆制备站布置于充填场区，位于选厂主厂房以东，充填场区平面布置如图6.4所示。

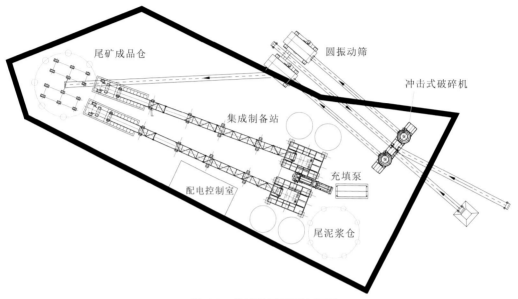

图6.4 充填场区平面布置图

水泥浆制备站布置于1245斜井南侧，平面布置如图6.5所示。

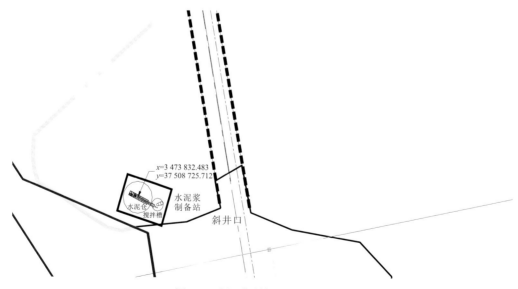

图6.5 水泥浆制备站平面布置图

二级充填泵站布置于878 m中段1#盘区斜坡道以西100 m处，平面布置如图6.6所示。

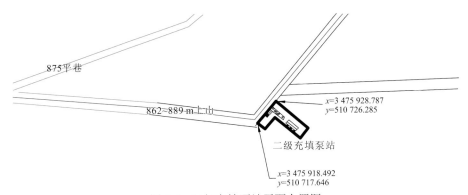

875平巷

862~889 m上山

$x=3\,475\,928.787$
$y=510\,726.285$

二级充填泵站

$x=3\,475\,918.492$
$y=510\,717.646$

图 6.6　二级充填泵站平面布置图

工业广场鸟瞰图见图 6.7。

图 6.7　工业广场鸟瞰图

4. 充填料浆制备

（1）尾矿破碎筛分工艺。尾矿从现有尾矿仓或尾矿堆场经过皮带送至冲击式破碎机上部的分料斗，分料斗均匀给料两台冲击式破碎机后，破碎后的尾矿在破碎机底部排出，由皮带送至圆振动筛，筛上部分由皮带送回分料斗继续破碎，筛下部分由皮带送至尾矿成品仓储存，供充填料浆制备使用。尾矿破碎筛分工艺见图 6.8。

（2）非胶结料浆制备工艺。非胶结料浆制备采用交替间断制备工艺。−5 mm 尾矿存储在尾矿成品仓内，尾矿成品仓直径为 12 m，仓总高为 10 m，容量为 550 m³。振动给料机给料配料机，经配料机称重后由皮带送至强制搅拌机内；粉煤灰储存在粉煤灰仓内，由仓底的螺旋输送机送至称量斗，称重后排入搅拌机内；质量分数约为 30%的尾泥浆由浓密机底部的渣浆泵送至尾泥浆仓内，尾泥浆仓直径为 10 m，仓总高为 16 m，容量为 380 m³。通过压气喷嘴喷出压缩空气，保持仓内质量分数均匀，尾泥浆通过自流的方式

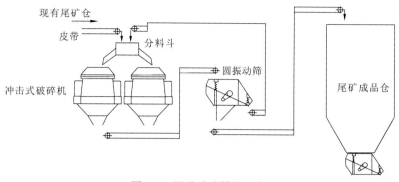

图 6.8　尾矿破碎筛分工艺

进入称量斗称重后排入搅拌机；增稠剂从增稠剂罐由水泵送至称量斗，称重后排入搅拌机。所有材料都按设定值称取，进入搅拌机后开始制备，制备约 30 s 后排出料浆。以上述流程为一次制备。两套制备站交替出料，互为备用。非胶结料浆制备工艺见图 6.9。

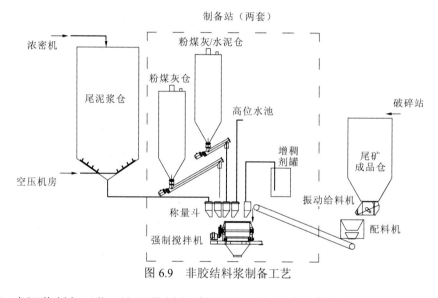

图 6.9　非胶结料浆制备工艺

（3）水泥浆制备工艺。水泥浆制备采用连续制备工艺。散装水泥储存于水泥仓内，水泥仓直径为 5 m，仓总高为 25 m，容量为 320 m³，可储存 400 t 水泥。水泥仓底双螺旋给料机和螺旋电子秤均匀出料进入搅拌槽，同时由高位水池供给清水进入搅拌机，添加剂采用减水剂，用计量泵计量添加。水泥料浆制备工艺见图 6.10。

5. 充填料浆输送

　　非胶结料浆和水泥浆在地表充填站制备后通过管道分别输送至井下二级泵站，非胶结料浆采用泵送，水泥浆采用自流。两者在二级泵站搅拌机内混合，再通过充填泵泵送至采场。非胶结料浆管道和水泥料浆管道线路基本相同。一级泵管道长度为 4 752 m。二级泵管道长度为 1 710 m。充填管道线路剖面见图 6.11，管道长度和坡度见表 6.3。

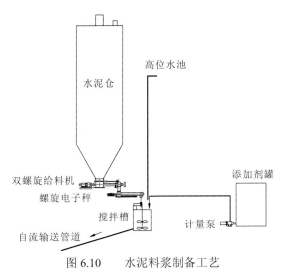

图 6.10　水泥料浆制备工艺

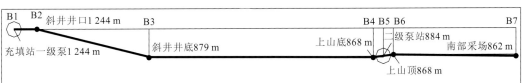

图 6.11　充填管道线路剖面

表 6.3　泵送管道线路

泵管线	起点	终点	途经巷道	管道长度/m	管道坡度/%
一级泵管线	B1（1 244 m）	B2（1 244 m）	地表	300	0
	B2（1 244 m）	B3（879 m）	斜井	1 482	24.58
	B3（879 m）	B4（868 m）	875 m 平巷	2 850	0.4
	B4（868 m）	B5（884 m）	862～889 m 上山	120	−12
二级泵管线	B5（882 m）	B6（889 m）	862～889 m 上山	120	−12
	B6（889 m）	B7（862 m）	883 m 中段巷等	1 590	0.4～12

工艺要求非胶结料浆可长时间停泵，因此采用大管径输送，以低流速来降低管道阻力，从而降低管道输送能耗和管道磨损。非胶结料浆的管道直径采用 240 mm，管线不同区域的承压不同，壁厚相应调整。二级泵管线输送胶结充填料浆，考虑到冲洗管道用水量和泵送距离，采用直径为 200 mm 的管道。水泥料浆自流输送流量在 20 m³/h 以下，管道采用 DN80 mm 无缝钢管。

根据环管试验结果，采用直径为 240 mm 的管道输送，正常输送料浆（坍落度＞24 cm）的最大压力损失为 2.95 MPa。

一级泵管线长度为 4 752 m，管道全长最大压力损失为 14.018 MPa，管道自然压头为 6.9 MPa，最大泵送压力为 7.1 MPa。考虑到长时间停泵后坍落度损失、充填北部采场时二级泵站北迁造成的一级泵送管道长度延长 1 km 左右等因素，一级泵要求工作压力为 10 MPa，输送流量为 100 m³/h。

二级泵站前布置搅拌机，将非胶结料浆和水泥料浆混合，为了采场流平性较好以利于接顶，料浆坍落度控制在 26 cm 以上，考虑到短时间停泵的坍落度损失，单位长度管道压力损失取 1.6 kPa/m。二级泵管线长度为 1710 m，管道全长最大压力损失为 2.736 MPa，管道自然压头可忽略，最大泵送压力为 2.736 MPa。考虑到充填北部采场时二级泵送管道长度增加 2 km，二级泵要求工作压力为 8 MPa，输送流量为 100m³/h。

二级泵站目前的选址主要考虑的是，近两年内主要充填南部采场，为降低能耗和管道损耗，采用泵送距离较短的方案，在 878 m 中段 1#盘区斜坡道以西 100 m 处布置二级泵站。

6.2.2　充填系统的智能化设计

挑水河磷矿充填系统智能化设计主要分为三个部分，即可靠的信号传输网络设计、智能化的设备仪表选型和控制软件算法设计（黄腾龙 等，2019）。

1. 信号传输网络设计

充填控制系统以挑水河磷矿已建成的 1 000 M 工业以太环网为传输平台，数据接入工业自动控制信息网，统一使用西门子 PROFINET 网络协议。控制系统网络分为监控层、控制层和设备层。在充填站主厂房与调度中心分别设置一个工程师站。在充填站主厂房用西门子 S7-1500PLC 设置主控制站，控制分站由井下的 4 个 S7-1200PLC 组成。设备层中靠近控制分站的仪器仪表通过模拟线路接入 PLC，远离控制分站的仪表采用 PROFIBUS 总线连接，其中井下泵站工业充填泵控制器通过 PROFIBUS 总线协议连接至 S7-1500PLC。从现场信号采集到集中控制分别通过模拟信号、现场总线和工业以太网传输，解决充填管道线路长、阀门和仪表位置分散的问题。

2. 智能化的设备仪表选型

智能化的设备仪表选型包括主控制器选型，充填管路阀门、监测仪表选型和制备系统设备选型。

（1）主控制器选型。挑水河磷矿充填系统由于充填覆盖面积广、管道线路长，充填设备仪表分布较为分散，最终选用西门子 S7-1500PLC 作为主控制器。

（2）充填管路阀门、监测仪表选型。在充填管路设多种形式的传感器对工况进行监测，可以大幅降低人工劳动强度，提高管路智能化水平。故障自处理的基本原理是通过压力变送器、流量计、浓度计、温度传感器采集管道的压力、流量、浓度、温度等参数，然后运用 D-S 证据理论对管道故障类型进行推理判断，当推断管道有堵管故障时，及时控制液压调节阀、液压截止阀、振动器等，调节管道压力和流量，实现管路疏通（张常青，2002)。应用压力变送器对充填管路进行压力监测，粗颗粒的充填料浆容易堵塞压力变送器的测试口，因此选用膜片式传感器较为合适，量程选用 0～16 MPa，精度为±0.075%。流量计选用量程范围为 0～160 m³/h，衬里材质为氯丁橡胶，电极材质为 Mo2Ti，精度为0.5级。浓度计选用核辐射密度计，采用 PVT 闪烁探头，以 Cs-137 为放射源，测量精度为±0.000 1 gm/cc。

（3）制备系统设备选型。制备系统由胶凝材料制备系统和非胶结料浆制备系统组成。胶凝材料制备系统设置有双管螺旋给料机、电子秤、搅拌桶、调浓水管路等，水泥经过电子秤称量后进入搅拌桶，同时根据水泥量调节调浓水管道阀门，控制流量使胶结料浆制备成设定的浓度。非胶结料浆制备系统采用间断精准制备工艺，最大制备能力为 180 m³/h。粗骨料、尾泥、粉煤灰、充填改性剂等材料进入搅拌机后开始制备，一次制备时间为 30～120 s。为了提高下料速度，对粗骨料、尾泥、粉煤灰均设置等待料斗和称量斗。非胶结料浆制备系统中保证料浆配比的方式是对各物料的称量斗分别进行静态计量后再集中下料。静态称量是非胶结料浆制备的核心，选用 BS 1200 作为配料控制器，称量选用梅特勒托利多称重传感器，量程为 0～2 t，准确度等级为 C3。制备系统最为关键的设备是各个称量系统的阀门，阀门的动作时间和可靠性直接影响料浆的配比精度与稳定。对充填系统常用的三种阀门进行对比，选用快开电动阀门作为制备系统的阀门。

3. 控制软件算法设计

控制软件算法设计包括人机交互界面设计（上位机）和智能算法（下位机）设计。人机交互界面使用 SIMATIC WinCC 软件编写。根据充填工艺特点，设计多个既可以人工干预又可以自动检测的交互界面，包括地表充填站、管道二级泵站、破碎系统、水泵控制、照明控制、通信状态、历史数据、报警画面、用户管理等。控制软件算法设计的核心是智能算法设计，包括长距离充填管道的故障识别和精确配比的非胶结料浆快速制备智能控制。

（1）智能化充填管道的故障识别。受到井下作业环境恶劣、管道输送距离长、交通不便利等条件的影响，管道故障靠人工判断往往具有滞后性和主观不确定性。为此，挑水河磷矿充填管道设置了多组传感器，用于测量压力、流量、浓度、温度、形变等。但是管道故障是一个复杂、多种因素叠加的一个状态，依靠某一个传感器往往会发生误判，所以引入 D-S 证据理论对管道故障类型进行推理。

充填管道故障识别的流程为，根据不同种类传感器的精度和环境条件，设定不同传感器的基本可信度，利用 D-S 合成法则，计算出多个传感器综合检测后的可信度，最后根据经验参数识别管道故障，如图 6.12 所示。

（2）非胶结料浆快速精准制备控制。非胶结料浆制备系统一次制备时间为 60～120 s，快速制备是保证充填能力的关键。由于物料有一定的黏性，制备过程中称量斗会发生残料和黏斗的现象，除了硬件上要求称量斗尽可能地完全下料外，还需要用软件对称量数据进行修正。当物料不足时，应自动进行补称，当物料过量时，应自动进行扣称处理。非胶结料浆制备流程如图 6.13 所示。

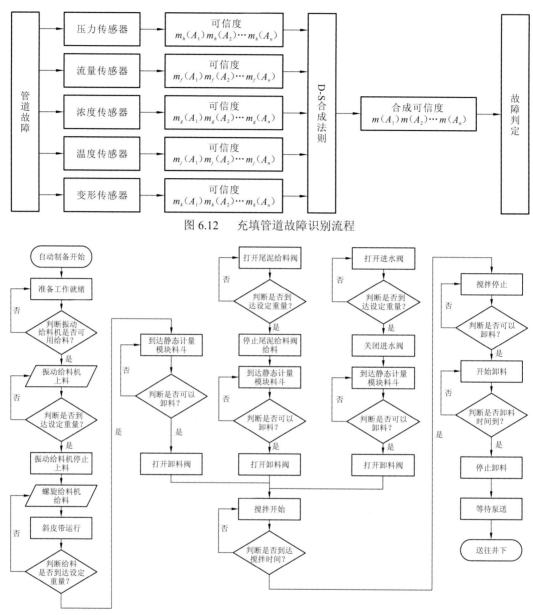

图 6.12　充填管道故障识别流程

图 6.13　非胶结料浆制备流程图

6.2.3　充填主要设备

1. 尾矿破碎站

尾矿破碎站包括 2 台冲击式破碎机、2 台圆振动筛、4 台水平皮带输送机、2 台防滑皮带输送机、1 个成品仓、2 台振动给料机。

尾矿破碎站主要设备见表 6.4。

表 6.4　尾矿破碎站主要设备

主要设备	型号	数量	技术参数
冲击式破碎机	5X1145	2 台	功率为 400×2 kW，生产能力为 100 m³/h
圆振动筛	YZS2460	2 台	功率为 37×2 kW
皮带输送机 1		1 台	人字带，长 23 m，宽 1 400 mm
皮带输送机 2		1 台	长 27 m，宽 1 000 mm
皮带输送机 3		1 台	长 27 m，宽 1 000 mm
皮带输送机 4		1 台	长 32.5 m，宽 1 000 mm
防滑皮带输送机		2 台	人字带，长 16 m，宽 1 400 mm
振动给料机		2 台	生产率为 300 t/h
布袋除尘器		1 台	
成品仓		1 个	直径为 12 m，仓体总高 10 m，容积为 550 m³

2. 非胶结料浆制备站

非胶结料浆制备站主要包括 1 台充填泵、1 个尾泥浆仓、4 个粉煤灰仓、2 台配料机、2 台皮带输送机、2 台搅拌机及配套的 10 个称量斗、4 台螺旋输送机等。

非胶结料浆制备站主要设备见表 6.5。

表 6.5　非胶结料浆制备站主要设备

主要设备	型号	数量	技术参数
搅拌机	MAW4500-3000	2 台	槽体容积为 3 m³，功率为 110 kW
配料机	PLD4800-2	2 台	水平皮带秤
斜皮带		2 台	长 40 m，宽 1 000 mm
水泥仓	300 t	4 个	直径为 5 m，容积为 300 t
螺旋输送机	LSY273 绞龙 8 m	4 台	含电机、减速机
单独称量		2 套	水质量为 1000 kg
		2 套	粉煤灰（水泥）质量为 800 kg
		2 套	粉煤灰质量为 800 kg
		2 套	泥浆质量为 1 000 kg
		2 套	添加剂质量为 10 kg
尾泥浆仓		1 个	直径为 10 m，总高为 16 m，容积为 380 m³
充填泵	普茨迈斯特公司 PUTZMEISTER	1 台	功率为 500 kW，工作压力为 10 MPa，泵送量为 100 m³/h

3. 水泥浆制备站

水泥浆制备站主要包括 1 个水泥仓、1 台螺旋给料机、1 台螺旋电子秤、1 台计量泵等。水泥浆制备站主要设备见表 6.6。

表 6.6　水泥浆制备站主要设备

主要设备	型号	数量	技术参数
水泥仓		1 个	直径为 5 m，容积为 400 t
螺旋给料机		1 台	功率为 15 kW，给料量为 40 t/h
螺旋电子秤		1 台	功率为 7.5 kW，台时产量为 40 t/h
搅拌槽		2 个	尺寸为 $\phi2\,000$ m×2 000 m
计量泵		1 台	流量为 500 L/h

4. 二级充填泵站

二级充填泵站主要包括 1 个泵送硐室、1 台充填泵、1 台双卧轴搅拌机、配电柜等。泵送硐室断面尺寸为 6 m×5 m，总长度约为 27 m，硐室内布置事故池。

二级充填泵站主要设备见表 6.7。

表 6.7　二级充填泵站主要设备

主要设备	型号	数量	技术参数
充填泵	普茨迈斯特公司 PUTZMEISTER	1 台	功率为 400 kW，工作压力为 8 MPa，100 m³/h
双轴搅拌机		1 台	功率为 45 kW，制备能力为 120 m³/h

6.3　缓倾斜中厚磷矿层充填采矿技术

6.3.1　采矿方法选择与采场结构参数优化

1. 采矿方法选择

挑水河磷矿主采矿体呈层状、似层状产出，分布较为连续，属缓倾斜薄至中厚矿体，资源赋存埋深大；矿山开采过程中极易诱发山体坍塌等地质灾害，矿体顶板不允许崩落；矿体及顶底板围岩中等稳固—稳固；地表挑水河自西往东横贯东部矿段，属黄柏河的一级支流。根据矿体赋存条件、地形地质条件、开采技术条件，初选采矿方法为充填采矿法。矿层全层开采，矿山配套重介质选厂产生的尾矿不能满足全采采允需要，最终采用条带式胶结充填采矿法，控制采场顶板的垮落，减小地表的沉陷。

将矿区划分为规则的盘区，盘区尺寸按走向 150～200 m、倾向 100～120 m 划设，盘区内部划分为规则的条带矿柱和盘区矿柱。单个盘区采掘过程中，首先在某一确定条带矿柱的一端进行采掘工作[图 6.14（a）]。当条带矿柱采掘完成后，进行充填，并掘进间隔条带矿柱[图 6.14（b）]。等充填盘区内的矿柱跳采并充填后，开采盘区内最先充填的条带两侧的矿柱不进行充填[图 6.14（c）]。盘区开采完成后如图 6.14（d）所示。该盘区矿柱开采完成后，以相同的方法开采下一个盘区。

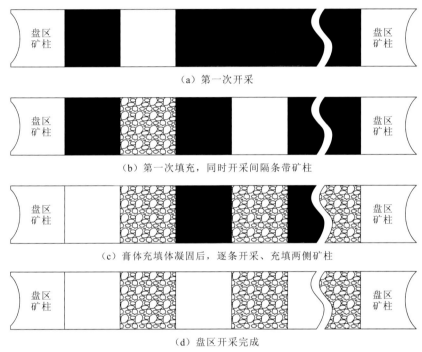

图 6.14　条带充填开采工艺示意图

2. 采场结构参数优化

深埋缓倾斜中厚矿体充填开采较难，体现在三个方面：一是在应力集中区内进行采掘工作，由于原岩应力较大，采掘工作破坏了原来的应力平衡状态，并产生较大的次生应力，在两者的共同作用下，地下工程承受很大的应力；二是直接顶板不稳定，很容易发生冒落、塌方等事故，严重影响开采安全和资源回收率；三是缓倾斜中厚矿体的开采，在矿石搬运、采矿方法结构参数确定、回采工艺、充填方法与接顶等方面均无十分有效的方法。近年来，专家学者对其开采方法进行了一系列卓有成效的研究（罗亮，2016；田维军，2010），而确定合理的采场结构参数是采矿设计首先要考虑的问题，是矿山能够安全高效开采的必要前提（邓红卫 等，2013）。

影响采矿和地下工程稳定性的因素有很多，主要是岩石和支护材料的力学性质及工程的施工因素。在相同的原岩应力及岩体强度参数条件下，采场结构参数不同，其围岩及矿柱的应力分布状态、位移状态也有所不同，这直接关系到采场自身的稳定性。因此，在其他原始条件相同的条件下，需进行采场结构参数的优化。以 Ph_2 层矿体为主要开采对象，对其采场主要结构参数（充填体条带宽度、留空区条带宽度、盘区矿柱宽度）进行优化选择，采取正交试验的方法，设计 3 个因素、每个因素 3 个水平的 9 组数值模拟方案，计算不同参数下的采场稳定性。正交数值模拟试验方案见表 6.8（池秀文 等，2016）。

表 6.8　正交数值模拟试验方案

方案序号	充填体条带宽度/m	留空区条带宽度/m	盘区矿柱宽度/m
1	10	10	16
2	6	8	20
3	10	6	20
4	6	10	18
5	8	10	20
6	10	8	18
7	8	8	16
8	8	6	18
9	6	6	16

采取 FLAC3D 数值模拟软件，以充填体条带宽度、留空区条带宽度和盘区矿柱宽度为优化目标，对正交试验设计 9 种采场结构参数方案进行数值模拟，模拟结果见图 6.15～图 6.17。从采场稳定性角度，对采场顶底板、充填体条带、盘区矿柱等关键点位置的应力及应变进行分析，得出最优方案的采场结构参数：充填体条带宽度为 6 m，留空区条带宽度为 6 m，盘区矿柱宽度为 20 m。

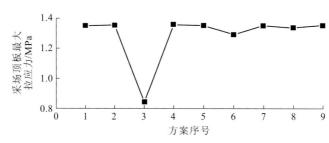

图 6.15　各方案采场顶板最大拉应力

为了能适应铲运机（或地下无轨卡车）出矿的要求，有效地提高矿块的生产能力，盘区的采切工程根据矿层的倾角不同而采用不同的布置方式，当矿层倾角小于等于 8°时，盘区斜坡道、切割上山、矿房按垂直矿体走向布置；当矿层倾角大于 8°时，盘区斜坡道、切割上山、矿房采用伪倾斜的布置方式。

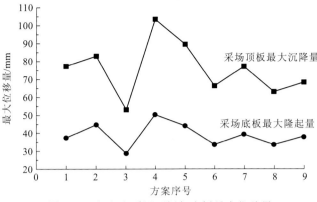

图 6.16　各方案采场顶板与底板最大位移量

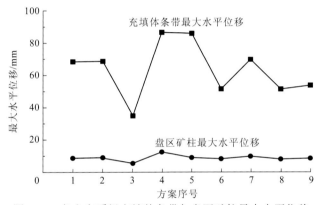

图 6.17　各方案采场充填体条带与盘区矿柱最大水平位移

采切工程为脉内切割上山。切割上山沿矿体倾向布置,沿矿房中心线掘进,宽度为 8 m。当矿体厚度小于 4.5 m 时,先切割偶数（或奇数）矿房,胶结充填结束且强度达到要求（≥2.0 MPa）后再回采间隔矿房,切割高度为矿体厚度;当矿体厚度大于 4.5 m 时,矿房内在垂直方向先切割上部矿层后回采下部矿层,矿块内矿房间隔布置,待回采、胶结充填结束且强度达到要求（≥2.0 MPa）后,再回采间隔矿房,切割高度为矿体厚度的一半。

6.3.2　采场充填与接顶

1. 采场充填准备

待矿房回采结束后,即可进行充填准备工作。充填前的准备工作包括:

（1）采场充填前,检查充填联络信号是否完好、可靠。

（2）检查矿房顶板的安全性。要求将浮石清理干净,以保证充填工作安全。

（3）构筑充填挡墙。充填挡墙选择混凝土或毛石混凝土结构,充填挡墙设于底柱与采空区交界处,墙体工程要求接顶。充填挡墙布置见图 6.18。

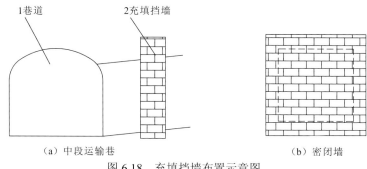

（a）中段运输巷 （b）密闭墙

图 6.18 充填挡墙布置示意图

（4）充填管路的架设。在构筑充填挡墙的同时，从上中段运输巷往采场接通充填管。

（5）设备检查与检修。充填作业前，对各充填设备及仪表进行检查维护，对充填管路进行检查和更换。

（6）尾矿破碎站、非胶结料浆制备站、水泥浆制备站和二级充填泵站做好充填料浆制备的准备工作。

2. 采场充填接顶

充填准备工作完成后，进行充填作业：①充填开始时先试水后放料浆，采场见水后，充填作业人员电话通知充填控制室，即可开始充填，试管水不排入待充采场；②水泥浆（质量分数为 50%～60%）和非胶结料浆（质量分数为 80.5%～82.3%）通过管道输送至二级充填泵站搅拌机内，混合后的料浆（质量分数为 78%）再通过充填管道泵送至采场进行充填；③采场充到预定的充填量后，充填作业人员电话通知控制室停止充填。充填结束时用水冲洗管道，防止充填料浆沉积于管道。冲洗水不排入待充采场。

待充填作业完成后开始进行充填接顶，充填接顶效果的好坏直接影响到充填采矿的成败，考虑充填料浆固结沉降、采场顶板形状、充填井布置和充填顺序等影响因素，在充填时，应采取多种措施，确保充填接顶，最终确定综合接顶方法。

1）影响充填接顶的因素

（1）充填料浆固结沉降。充填料浆的沉降是胶结充填中一种不可避免的现象。一方面，当胶结充填料浆充满采空区时，由于大小颗粒逐渐下沉，大部分水离析在充填体表面，当这些水以径流的方式脱除后，在充填体表面和顶板之间就出现了沉缩空间；另一方面，存在于固体颗粒间隙中的重力水通过渗透方式排除后，充填体还会沉降。此外，高浓度的充填料浆充填到采场后由于脱水会存在一定的收缩率（5%～22%），严重影响采场的接顶效果。因此，充填不接顶是充填料浆沉降的直接结果。

（2）充填料浆自流坡度。若采用自流输送充填方式，在采场充填过程中充填料浆的骨料会出现沉降。因此，从充填管道出料口到采场边缘形成的自流坡度较大。当充填管出料口接顶时，受自流坡度的影响，采场边缘或端部不能完全接顶。

（3）充填料浆浓度过低和滤水速度慢。过低的料浆浓度容易导致充填料离析分层，增大自然坡积角。同时，大量的积存水难以及时排除，占据空间，阻碍充填接顶。此外，随着充填体的增高，越向其顶部，滤水难度越大。

（4）空区顶板形状不规整。对于充填空区的几何形状，在回采设计时往往没有严格的要求，特别是顶板形状很不规整，再加之充填方法不合适时。如果单点下料，逐渐堆积，在下料点会形成较大的自然坡角，堆顶堵塞下料口后，部分空区无法充满，会产生空顶。

（5）洗管水和引路水影响充填接顶。为防止充填管路堵塞，每次充填前后，总要排十几分钟的引路水和洗管水，而这些对采空区充填毫无益处的引路水、洗管水往往通过管道直接进入待充填接顶的采空区，影响充填接顶。

（6）充填井布置和充填顺序不合适。充填井大多不在顶板最高点，导致采场较高处顶板无法接顶。充填顺序为单个充填井一次充满，然后对剩余充填井进行一次充填。在这种充填顺序下，由于充填浆液流速过快，在重力作用下，砂浆在充填口附近自然分级下来的粗颗粒过于集中，很快堵塞充填口，而无法进行充填。实践中也发现，相对于离充填井较远处的顶板，充填井附近接顶效果较好，接顶面积较大。

（7）人为因素。影响充填接顶的人为因素也很重要，如充填时间的控制、充填管理水平、工人熟练与灵活运用充填接顶技术的程度都有较大的影响。

2）充填综合接顶措施

考虑到缓倾斜中厚磷矿层的可操作性、实施难度和接顶成本等因素，采用综合接顶方法，确保充填接顶。采区采用分区隔离充填、管道多点下料充填工艺、人工接顶、强制接顶，对于接顶可添加膨胀剂，提高接顶质量和接顶率。

（1）分区隔离充填。分区多点充填，可使整个充填体质量分布均匀。在接顶充填时，采用以充填井为中心的后退式分区隔离充填工艺，可使接顶充分均匀。分区隔离比较简单，沿分区界线立一排圆木支架，直达顶板，沿圆木支架架设隔离模板，木板内侧铺双层滤水纱布即可；预埋充填软管，在隔离木板上方适当位置，预先埋设一根充填塑料软管，吊挂在空场顶板上，软管与采场主充填管用快速接头连接。充填结束后，该软管留在充填体内，作为泄水管使用，不再回收利用。

（2）管道多点下料充填工艺。由于充填料浆的流动性较差，为避免进路轴向出现充填死角，保证进路充填能够充填接顶或充满，充填时应采用管道多点下料充填工艺，充填的先后顺序也应遵循充填料浆的流动规律。此外，充填下料点的位置应适应充填料浆的特性和充填空区的形状变化，一般而言，充填管宜布置在空区顶板最高位置、横断面上部的中心处。

（3）人工接顶。在缓倾斜、微倾斜矿床中，人工接顶是较为常用的充填接顶方法。人工接顶是将最后一个充填分层，分为若干个分条，逐个进行接顶。当用水砂或胶结充填时，接顶充填每一分条前，先立 1 米多高的模板，以后模板随浇筑体的加高而加高。当充填体距顶板只有 0.5～0.8 m 高的空间时，用块石砂浆砌筑接顶；当采用干式充填或削壁充填，干式充填体距顶板 0.5～0.8 m 时，人工将片石、碎石塞入接顶空间。但这种接顶方法劳动强度大、劳动条件差、效率低，如管理不好，接顶不严密。

（4）强制接顶。对于缓倾斜磷矿矿床开采，采取常用的充填接顶方法时，接顶是不够严密的。有的矿块往往留下约 0.5～1.0 m 的空间未进行充填，充填效果往往不够理想。为了进一步提高充填接顶效果，采用强制崩落顶板法进行接顶。岩石破碎后有一定的碎胀性（碎胀系数为 1.4～1.7），利用这一特性，在充填工作结束后，采用微差爆破方法崩落矿柱上面支撑顶板的局部岩柱，使直接顶板能达到和超过自然崩落、冒落所需要的跨度与暴露面积，以保证顶板能及时自然冒落和密实接顶。

（5）改变空顶形状充填接顶。采空区顶板的形状应以适应充填接顶的需要为佳。对于倾斜进路回采，应使采场顶底板的倾角大于料浆自然坡积角，以满足接顶的需要，倾角坡度通常在 8%～15%。另外，改用拱形顶板，既可以较好地控制地压，又能在受到人为因素影响时，采空区仍能部分接顶，即拱形顶板的两侧接顶。

（6）采用膨胀剂材料。在接顶充填时，掺入一定量的膨胀剂，利用其水化作用产生有制约的体积膨胀，抑制充填体收缩，可改善接顶质量，使膨胀值与膨胀剂掺量成正比，掺量越大，膨胀值越大，但充填体强度和弹性模量会有所降低。一般硫铝酸钙类膨胀剂掺量为水泥质量的 7%～11%，石灰类掺量为 8%～9%。在充填接顶时，加入适量的膨胀剂，膨胀率可达 10%～30%，强度比原充填体有所增加。缺少充填基料的，在充填料浆中加入适量的膨胀剂和引气剂，可使 30%～40%的料浆在采场中膨胀接顶，接顶率达到 100%。

6.4　本章小结

湖北三宁矿业有限公司挑水河磷矿地处中高山地区，赋存有有工业价值的缓倾斜中厚磷矿层两层，具有资源赋存埋深大、富矿少和开采技术条件十分复杂等特征，存在低品位矿石难利用和矿山开采过程中极易诱发山体坍塌等地质灾害两大技术难题，经技术、经济论证，采取"采选充一体化绿色开采技术"，其特点为，大盘区开拓，中厚磷矿层全层开采，空区条带胶结充填，坑口建重介质选矿厂和充填站，选厂产生的粗磷尾矿和尾泥全部用于井下充填，实现了无废开采，既大幅提高了资源利用率，又有效地控制了地压灾害，保护了生态环境。

针对远距离泵送（最大输送距离高达 7.5 km），采用大管径满管流输送技术，通过低流速来降低管道阻力，从而降低管道输送能耗和管道磨损。井下设置二级泵站，非胶结料浆和水泥浆在地表充填站制备后通过管道分别输送至井下二级泵站，非胶结料浆快速、精准制备，非胶结料浆采用泵送，水泥浆采用自流，两者在二级泵站搅拌机内混合，再通过充填泵泵送至采场。

针对缓倾斜充填接顶（矿层倾角为 4°～7°），采用综合接顶方法，确保充填接顶，采区主要采用分区隔离充填、管道多点下料充填工艺、人工接顶、强制接顶、改变空顶形状充填接顶、采用膨胀剂材料等来提高接顶质量和接顶率。

蔡嗣经, 王洪江, 2012. 现代充填理论与技术[M]. 北京: 冶金工业出版社.

陈博文, 2016. 粗磷尾矿高浓度胶结充填材料性能研究[D]. 武汉: 中国地质大学(武汉).

陈博文, 梅甫定, 杨柳, 等, 2015. 粗磷尾矿胶结充填级配及料浆和易性规律研究[J]. 科学技术与工程, 15(13): 25-35.

陈博文, 梅甫定, 卢开华, 2016. 用粗磷尾矿制备胶结充填材料[J]. 金属矿山(8): 81-83.

陈杰, 倪文, 张静文, 2014. 以冶金渣为胶凝材料的全尾砂胶结充填料的制备[J]. 现代矿业(11): 171-174.

陈琴, 2016. 磷尾矿管道输送添加剂减阻试验研究[D]. 贵阳: 贵州大学.

陈云嫩, 梁礼明, 2005. 湿法烟气脱硫石膏在胶结尾砂充填的应用[J]. 矿产综合利用(1): 42-45.

陈贤树, 杨春保, 2014. 粉煤灰充填胶凝材料及其应用[J]. 粉煤灰综合利用(3): 44-46.

陈文怡, 涂浩, 2012. TG-DSC 技术在水泥研究中的应用[J]. 分析仪器(2): 55-58.

池秀文, 王沛, 蒋思冲, 等, 2016. 缓倾斜磷矿条带充填法采场结构参数优化研究[J]. 矿业研究与开发, 36(3): 17-20.

代柱端, 2014. 减水剂对不同胶凝材料的吸附剂流变性调控机理[D]. 武汉: 武汉理工大学.

邓红卫, 胡普仑, 周科平, 等, 2013. 采场结构参数敏感性正交数值模拟试验研究[J]. 中南大学学报(自然科学版)(6): 2463-2469.

邓代强, 2014. 尾砂-戈壁料胶结充填技术研究[J]. 矿业研究与开发, 34(1): 16-21.

邓代强, 高永涛, 吴顺川, 2009. 粗骨料胶结充填材料性能研究[J]. 昆明理工大学学报, 34(6): 73-76.

丁宏达, 1990. 浆体管道输送原理和工程系统设计[Z]. 北京: 中国金属学会浆体输送学术委员会.

杜绍伦, 刘志祥, 2010. 磷石膏胶结强度试验研究[J]. 采矿技术, 10(1): 22-23.

冯安生, 曹飞, 吕振福, 2017. 我国磷矿资源综合利用水平调查与评价[J]. 矿产保护与利用(2): 13-17.

方永浩, 王悦, 庞二波, 等, 2010. 水泥-粉煤灰泡沫混凝土抗压强度与气孔结构的关系[J]. 硅酸盐学报, 38(4): 621-626.

高贺然, 黄远来, 邱跃琴, 等, 2018. 减水剂对磷尾矿胶结充填料浆输送流动性能影响研究[J]. 矿冶工程, 38(1): 30-34.

高洁, 赵国彦, 2012. 粘土-水泥-磷石膏胶结充填技术试验研究[J]. 煤炭技术, 31(3): 110-112.

古德生, 胡家国, 2002. 粉煤灰应用研究现状[J]. 采矿技术(2): 1-4.

谷岩, 南世卿, 李富平, 2014. 矿渣胶结材料充填体强度确定及配比优化[J]. 金属矿山, 453(3): 10-14.

国土资源部, 2012. 中国矿产资源报告(2012)[M]. 北京: 地质出版社.

官在平, 许文远, 蔡桂生, 等, 2014. 井下泵送混凝土充填工艺配比参数试验研究[J]. 中国矿业, 23(S2): 219-221.

郭爱国, 2006. 宽条带充填全柱开采条件下的地表沉陷机理及其影响因素研究[D]. 北京: 煤炭科学研究总院北京开采研究所.

郭文兵, 邓喀中, 邹友峰, 等, 2004. 我国条带开采的研究现状与主要问题[J]. 煤炭科学技术, 32(8): 7-11.

何春雨, 袁伟, 谭克锋, 2009. 磷石膏-粉煤灰-石灰-水泥胶凝体系性能研究[J]. 新型建筑材料, 31(8): 1-4.

黄腾龙, 郑伯坤, 李向东, 2019. 挑水河磷矿充填系统智能化研究与应用[J]. 矿业研究与开发, 39(7): 73-77.

贺礼清, 1998. 工程流体力学[M]. 北京: 石油工业出版社.

贺行洋, 2010. 基于渗流理论的矿物掺合料效应分析方法[J]. 武汉理工大学学报, 20(2): 23-27.

候姣姣, 2014. 磷石膏基材料的微观反应机理及强度规律研究[D]. 武汉: 中国地质大学(武汉).

候姣姣, 梅甫定, 2013. 磷石膏基材料的宏观性能与孔结构的关系[J]. 材料研究学报, (6): 631-640.

胡顺发, 2016. 某磷矿废石胶结充填系统设计[J]. 化工矿物与加工(6): 66-67.

胡曙光, 何永佳, 吕林女, 2006. $Ca(OH)_2$解耦法对混合水泥中 C-S-H 凝胶的半定量研究[J]. 材料科学与工程学报, 24(5): 666-669.

胡泽图, 2018. 磷尾砂胶结充填基础试验及开采可行性研究[D]. 武汉: 武汉工程大学.

姜金洁, 张建华, 尹东升, 等, 2016. 黄麦岭磷矿胶结充填开采配比试验及数值模拟[J]. 金属矿山, 478(4): 36-41.

李博, 2016. 楚磷磷矿充填方案研究[D]. 武汉: 武汉工程大学.

李洪波, 2016. 江西某磷矿充填系统设计方案[J]. 化工矿物与加工(8): 184-188.

李国政, 于润沧, 2006. 充填环管试验计算机仿真模型的探讨[J]. 黄金, 27(3): 21-23.

李维, 高辉, 罗英杰, 等, 2015. 国内外磷矿资源利用现状、趋势分析及对策建议[J]. 中国矿业, 24(6): 6-10.

李响, 阎培渝, 阿茹罕, 2009. 基于$Ca(OH)_2$含量的复合胶凝材料中水泥水化程度的评定方法[J]. 硅酸盐学报, 13(10): 38-42.

李延杰, 2018. 浮选尾砂与尾泥对粗磷尾矿膏体充填材料性能影响研究[D]. 武汉: 中国地质大学(武汉).

李延杰, 梅甫定, 叶峰, 等, 2017a. 高浓度粗磷尾矿胶结充填参数优化研究[J]. 矿业研究与开发, 37(1): 30-35.

李延杰, 梅志恒, 张伡, 等, 2017b. 磷尾矿胶结充填材料力学性能与水化过程研究[J]. 武汉理工大学学报, 39(3): 22-26.

李茂辉, 2015. 低活性水淬渣基早强充填胶凝材料开发与水化机理研究[D]. 北京: 北京科技大学.

李凤明, 2004. 地质灾害控制若干技术的应用[M]//中国煤炭学会岩石力学与支护专业委员会. 中国煤炭工业可持续发展的新型工业化道路. 北京: 煤炭工业出版社.

李国栋, 赵亚军, 张光存, 等, 2015. 磷石膏基新型胶凝充填材料试验研究[J]. 煤炭技术, 34(4): 42-44.

李公成, 王洪江, 吴爱祥, 等, 2013. 全尾砂戈壁集料膏体凝结性与流动性研究[J]. 金属矿山(9): 34-40.

李群, 李占金, 任贺旭, 等, 2015. 某铁矿全尾砂充填体强度特征试验研究[J]. 矿业研究与开发, 35(7): 31-34.

李瑞龙, 何廷树, 何娟, 2015. 全尾砂胶结充填材料配合比及性能研究[J]. 硅酸盐通报, 34(2): 314-319.

廖国燕, 李夕兵, 赵国彦, 2010. 黄磷渣充填胶凝材料激发剂的选择与优化[J]. 金属矿山, 39(3): 17-19.

刘冰, 李夕兵, 2018. 全磷废料高浓度充填两相流环管试验研究[J]. 黄金科学技术, 26(5): 615-619.

刘超, 2011. 基于环管输送试验的全尾砂膏体充填料流变特性研究[D]. 衡阳: 南华大学.

刘超, 韩斌, 孙伟, 等, 2015. 高寒地区废石破碎胶结充填体强度特征试验研究与工业应用[J]. 岩石力学与工程学报, 34(1): 139-147.

刘晨, 王昕, 郑旭, 等, 2013. 过硫磷石膏矿渣水泥浆性能优化研究[J]. 水泥(12): 9-13.

刘芳, 2009. 磷石膏基材料在磷矿充填中的应用[J]. 化工学报, 60(12): 3171-3177.

刘德忠, 2020. 红土矿类浆体管道水利计算[J]. 中国有色冶金, 49(3): 63-66.

刘数华, 冷发光, 李丽华, 2010. 混凝土辅助胶凝材料[M]. 北京: 中国建材工业出版社.

刘同有, 周成浦, 金铭良, 等, 2001. 充填采矿技术与应用[M]. 北京: 冶金工业出版社.

刘文哲, 2017. 磷矿重选尾砂胶结充填材料试验研究[D]. 武汉: 武汉工程大学.

刘晓辉, 王国立, 赵占斌, 等, 2016. 结构流充填料浆环管试验及其阻力特性研究[J]. 中国钼业, 40(5): 20-23.

刘永, 贺桂成, 袁梅芳, 等, 2013. 黄土-废石胶结充填体抗压强度试验研究[J]. 地下空间与工程学报, 9(1): 113-118.

刘志祥, 周士霖, 郭永乐, 2011. 磷石膏充填体强度 GA-BP 神经网络预测模型[J]. 矿冶工程, 31(6): 1-5.

龙秀才, 陈发吉, 2011. 磷石膏充填材料及其配比试验研究[J]. 化工矿物与加工, 40(4): 22-25.

罗亮, 2016. 条带式矿柱嗣后充填采矿方法在缓倾斜磷矿开采中的应用[J]. 化工矿物与加工(10): 72-74.

罗根平, 乔登攀, 2015. 废石尾砂胶结充填体强度试验研究[J]. 黄金, 36(3): 40-43.

梅志恒, 李延杰, 孟恒, 等, 2017. 挑水河磷矿条带充填开采胶结充填体强度设计研究[J]. 化工矿物与加工, (9): 33-35.

饶运章, 邓飞, 赵奎, 等, 1999. 低廉充填胶凝材料的开发与应用研究[J]. 南方冶金学院学报(4): 3-5.

史采星, 郭利杰, 许文远, 2014. 新型减水剂改善充填料浆性能试验研究[J]. 中国矿业, 23(S2): 209-214.

孙成佳, 2013. 焦家金矿寺庄矿区充填配比与充填体力学研究[J]. 中国高新技术企业(7): 117-118.

田维军, 2010. 缓倾斜中厚磷矿床地下开采采场矿压显现及上覆岩层变形破坏规律[D]. 重庆: 重庆大学.

王晓东, 2015. 煤矿采空区土质胶结充填材料强度特性研究[J]. 煤矿安全, 46(7): 55-62.

王彦英, 2015. 四川清平磷矿废石胶结充填系统设计[J]. 化工矿物与加工(4): 51-52.

王有团, 2015. 金川低成本充填胶凝材料及高浓度料浆管输特性研究[D]. 北京: 北京科技大学.

王新民, 2005. 基于深井开采的充填材料与管输系统的研究[D]. 长沙: 中南大学.

王新民, 肖卫国, 章钦礼, 2005. 深井矿山充填理论与技术[M]. 长沙: 中南大学出版社.

汪涛, 王志文, 王三云, 等, 2014. 煤矿高浓度胶结充填料浆管道输送特性研究[J]. 煤炭科学技术, 42(S1): 50-52.

魏微, 杨志强, 高谦, 2013. 全尾砂新型胶凝材料的胶结作用[J]. 建筑材料学报, 16(5): 881-887.

温婧, 2011. 中国磷矿资源类型和潜力分析[D]. 北京: 中国地质大学(北京).

吴爱祥, 王洪江, 2015. 金属矿膏体充填理论与技术[M]. 北京: 科学出版社.

吴爱祥, 程海勇, 王贻明, 等, 2016. 考虑管壁滑移效应膏体管道的输送阻力特性[J]. 中国有色金属学报,

26(1): 180-187.

吴立新, 王金庄, 郭增长, 2000. 煤柱设计与监测基础[M]. 徐州: 中国矿业大学出版社.

夏学惠, 郝尔宏, 2012. 中国磷矿床成因分类[J]. 化工矿产地质, 34(1): 1-14.

向才旺, 郭俊才, 姚大喜, 1994. 水泥应用[M]. 北京: 中国建筑出版社.

谢莎莎, 2011. 水泥-火山灰质胶凝体系水化机理研究[D]. 武汉: 长江科学院.

熊有为, 刘福春, 刘恩彦, 等, 2019. 大流量膏体管道输送阻力特性研究[J]. 矿业研究与开发, 39(9): 100-104.

许毓海, 许新启, 2004. 高浓度(膏体)充填流变特性及自流输送参数的合理确定[J]. 矿冶, 13(3): 16-19.

徐文斌, 宋卫东, 2016. 高浓度胶结充填采矿理论与技术[M]. 北京: 冶金工业出版社.

薛改利, 杨志强, 高谦, 等, 2014. 全尾砂新型充填胶凝材料在南洺河铁矿的应用[J]. 有色金属(矿山部分), 66(6): 66-74.

薛希龙, 2012. 黄梅磷矿高浓度全尾砂充填技术研究[D]. 长沙: 中南大学.

姚银佩, 2013. 高含水矿山井下废石破碎泵送胶结充填技术研究[J]. 金属矿山(1): 59-61.

姚志全, 2009. 开阳磷矿黄磷渣胶结充填技术研究及可靠性分析[D]. 长沙: 中南大学.

杨春保, 陈贤树, 朱春启, 等, 2013. 石灰石-矿渣基矿山充填胶结剂的研制及应用[J]. 采矿技术, 13(6): 44-46.

杨志强, 陈得信, 高谦, 等, 2017. 金川矿山混合充填料浆环管试验系统与管输特性研究[J]. 有色金属工程, 7(1): 64-70.

叶峰, 李延杰, 张文龙, 等, 2018. 尾泥对高浓度磷尾矿胶结充填材料性能影响研究[J]. 矿业研究与开发, 38(3): 69-72.

易先良, 李松, 倪帮荣, 等, 2014. 废石胶结充填物料优化配比的工业试验[J]. 化工矿物与加工(4): 37-39.

尹丽文, 2009. 中国磷矿资源分布及开发建议[J]. 资源与人居环境(10): 26-27.

游化, 杨志强, 高谦, 2015. 全尾砂固结粉胶凝材料在东凯铁矿推广应用[J]. 矿业研究与开发, 35(12): 17-21.

余永宁, 刘国权, 1989. 体视学-组织定量分析的原理和应用[M]. 北京: 冶金工业出版社.

张常青, 2002. 深部铜矿尾砂胶结充填的自动检测与控制[J]. 矿业研究与开发, 22(1): 40-43.

张光存, 杨志强, 高谦, 等, 2015. 利用磷石膏开发替代水泥的早强充填胶凝材料[J]. 金属矿山, 465(3): 194-198.

张华兴, 赵有星, 2000. 条带开采研究现状及发展趋势[J]. 煤矿开采, 40(3): 5-7.

张磊, 吕宪俊, 金子桥, 2011. 粉煤灰在矿山胶结充填中应用的研究现状[J]. 矿业研究与开发, 31(4): 22-25.

张苏江, 夏浩东, 唐文龙, 等, 2014. 中国磷矿资源现状分析及可持续发展建议[J]. 中国矿业, 23(S2): 8-13.

张俟, 李延杰, 胡传宇, 等, 2018. 磷矿尾砂与尾泥对胶结充填材料性能的影响[J]. 合肥工业大学学报(自然科学版), 41(7): 973-977.

张文龙, 梅甫定, 李海丽, 等, 2018. 基于模糊聚类理论的粗磷尾矿胶结充填材料分类[J]. 矿业研究与开发, 38(11): 15-19.

张修香, 乔登攀, 2015. 废石-尾砂高浓度料浆的流变特性及输送参数优化[J]. 昆明理工大学学报(自然科学版), 40(3): 39-45.

张宗生, 2008. 金川矿山废石膏体配制与流变特性研究[D]. 昆明: 昆明理工大学.

赵才智, 2008. 煤矿新型膏体充填材料性能及其应用研究[D]. 徐州: 中国矿业大学.

赵国华, 2007. 水煤浆管内流动阻力特性的数值模拟及实验研究[D]. 南京: 东南大学.

赵鹏凯, 赵亮, 景娇燕, 2013. 高炉矿渣基充填胶凝材料的制备与应用[J]. 中国资源综合利用, 31(8): 19-23.

郑伯坤, 2011. 尾砂充填料流变特性和高浓度料浆输送性能研究[D]. 长沙: 长沙矿山研究院.

郑伯坤, 李向东, 盛佳, 2012. 基于环管试验的高浓度料浆输送性研究[J]. 矿业研究与开发, 32(6): 31-34.

周爱民, 2007. 矿山废料胶结充填[M]. 北京: 冶金工业出版社.

周爱民, 古德生, 2004. 基于工业生态学的矿山充填模式[J]. 中南大学学报(自然科学版), 35(3): 468-472.

周旭, 杨陆海, 2015. 矿渣粉在煎茶岭镍矿胶结充填中的应用[J]. 中国矿山工程, 44(3): 1-5.

邹友峰, 马伟民, 1996. 条带开采地表沉陷的主控因素[J]. 矿山压力与顶板管理(1): 27-31.

ALI A, MOSTAFA M, 2013. Mechanical activation of chemically activated high phosphorous slag content cement[J]. Powder technology, 245: 182-188.

ALESIANI M, PIRAZZOLI I, MARAVIGLIA B, 2007. Factors affecting early-age hydration of ordinary portland cement studied by NMR: Fineness, water-to-cement ratio and curing temperature[J]. Applied magnetic resonance, 32(3): 385-394.

BOLOMEY J, 1927. Determination of the compressive strength of mortar sand concretes[J]. Bulletin technique de la suisse romande(16): 22-24.

BOND F C, 1960. Three principles of comminution[J]. Mining congress journal (8): 1537-1545.

COLLEPARDI M, 2003. The new concrete[M]. 3rd ed. Treviso: Tintoretto.

CHEN L J, KONG L W, HUANG D X, et al., 2010. Research on preparation of alkali-activated binder with oil shale residue and slag [J]. Journal of building materials, 12(6): 841-846.

DAVIDOVITS J, 1991. Geopolymers: Inorganic polymeric new materials[J]. Journal of thermal analysis and calorimetry, 37(8): 1633-1656.

FERNANDEZ G, MOON J, 2010. Excavation-induced hydraulic conductivity reduction around a tunnel-part 1: Guideline for estimate of ground water inflow rate[J]. Tunneling and underground space technology incorporating trenchless technology research, 25(5): 560-566.

FÜLLER W B,THOMPSON S E,1906. The laws of proportioning concrete[J]. Journal of transportation division,ASCE,59(1):67-143.

GALVIN J M, HEBBLEWHITE B K, SALAMON M D G. Australian coal pillar performance[J]. ISRM news journal, 1996, 4(1): 33-38.

GARG M, MINOCHA A K, JAIN N, 2011. Environment hazard mitigation of waste gypsum and chalk: Use in construction materials[J]. Construction and building materials, 25(2): 944-949.

HOVER K C, 2011. The influence of water on the performance of concrete[J]. Construction and building materials, 25(7): 3003-3013.

KAUFMANN J, LOSER R, LEEMANN A, 2009. Analysis of cement-based materials by multicycle mercury intrusion and nitrogen sorption[J]. Journal of colloid and interface science, 336(2): 730-737.

KUMAR S, 2002. A perspective study on fly ash-lime-gypsum bricks and hollow blocks for low cost housing development[J]. Construction and building materials, 16(8): 519-525.

LI X, YAN P Y, 2009. Assessment method of Hydration degree of cement in complex blinder based on the calcium hydroxide content[J]. Journal of the Chinese ceramic society, 37(10): 1597-1601.

LI D Y, LIU B, HE J, et al., 2017. Strength and transportability of cemented phosphogypsum paste backfilling slurry[C]//20th International Seminar on Paste and Thickened Tailings. Beijing: University of Science and Technology, Beijing: 328-335.

MYOUNG S C, YOUNG J K, JIN K K, 2014. Prediction of concrete pumping using various rheological models[J]. International journal of concrete structures and materials, 8(4): 269-278.

OLIVIER P, MOSTAFA B, 2011. Estimation of the cementitious properties of various industrial by-products for applications requiring low mechanical strength [J]. Resources, conservation & recycling, 56(1): 22-23.

PROVIS J L, MYERS J, WHITE C E, et al., 2012. X-ray microtomography shows pore structure and tortuosity in alkali-activated binders[J]. Cement and concrete research, 42(6): 855-864.

RODI W, 1980. Turbulence models and their application in hydraulics: A state of the art review[M]. Delft: International Association of Hydraulic Research publication.

RITWIK S, NAR S, SWAPAN D K, et al., 2010. Utilization of steel melting electric furnace slag for development of vitreous ceramic tiles[J]. Bulletin of materials science, 33(3): 293-298.

SINGH M, GARG M, 2000. Making of anhydrite cement from waste gypsum[J]. Cement and concrete research, 30(4): 571-577.

SIVA S R T, KUMAR D R, RAO H S, 2010. A study on strength characteristics of phosphogypsum concrete[J]. Asian journal of civil engineering, 11(4): 411-420.

TALBOT A N, RICHART F E, 1923. The strength of concrete-its relation to the cement, aggregates and water[D]. Illinois: University of Illinois at Urbana Champaign.

TAYLOR H F W, 1997. Cement chemistry[M]. London: Thomas Telford Publishing.

ZENG Q, LI K F, FEN-CHONG T, et al., 2011. Pore structure characterization of cement pastes blended with high volume fly-ash[J]. Cement and concrete research, 42(1): 194-204.

ZENG Q, LI K F, FEN-CHONG T, et al., 2012. Analysis of pore structure, contact angle and pore entrapment of blended cement pastes from mercury porosimetry data[J]. Cement and concrete composites, 34(9): 1053-1060.

ZHANG J, AN X, NIE D, 2016. Effect of fine aggregate characteristics on the thresholds of self-compacting paste rheological properties[J]. Construction and building materials, 116: 355-365.